essentials

essentials liefern aktuelles Wissen in konzentrierter Form. Die Essenz dessen, worauf es als „State-of-the-Art" in der gegenwärtigen Fachdiskussion oder in der Praxis ankommt. *essentials* informieren schnell, unkompliziert und verständlich

- als Einführung in ein aktuelles Thema aus Ihrem Fachgebiet
- als Einstieg in ein für Sie noch unbekanntes Themenfeld
- als Einblick, um zum Thema mitreden zu können

Die Bücher in elektronischer und gedruckter Form bringen das Expertenwissen von Springer-Fachautoren kompakt zur Darstellung. Sie sind besonders für die Nutzung als eBook auf Tablet-PCs, eBook-Readern und Smartphones geeignet. *essentials:* Wissensbausteine aus den Wirtschafts-, Sozial- und Geisteswissenschaften, aus Technik und Naturwissenschaften sowie aus Medizin, Psychologie und Gesundheitsberufen. Von renommierten Autoren aller Springer-Verlagsmarken.

Weitere Bände in der Reihe http://www.springer.com/series/13088

Joachim Rathmann

Therapeutische Landschaften

Landschaft und Gesundheit in interdisziplinärer Perspektive

Joachim Rathmann
Institut für Geographie, Universität Augsburg
Augsburg, Deutschland

ISSN 2197-6708 ISSN 2197-6716 (electronic)
essentials
ISBN 978-3-658-32055-3 ISBN 978-3-658-32056-0 (eBook)
https://doi.org/10.1007/978-3-658-32056-0

Die Deutsche Nationalbibliothek verzeichnet diese Publikation in der Deutschen Nationalbibliografie; detaillierte bibliografische Daten sind im Internet über http://dnb.d-nb.de abrufbar.

Planung/Lektorat: Simon Rohlfs
Springer Spektrum ist ein Imprint der eingetragenen Gesellschaft Springer Fachmedien Wiesbaden GmbH und ist ein Teil von Springer Nature.
Die Anschrift der Gesellschaft ist: Abraham-Lincoln-Str. 46, 65189 Wiesbaden, Germany

Was Sie in diesem *essential* finden können

- Eine kurze Einführung in das Konzept der Therapeutischen Landschaften.
- Eine knappe Darstellung des Gesundheitsbegriffs unter Berücksichtigung globaler Ansätze (EcoHealth, OneHealth, Planetary Health) sowie des Modells der Salutogenese.
- Eine Charakteristik der affektiven und emotionalen Mensch-Ort-Beziehungen.
- Eine skizzenhafte Darstellung zu Landschaftspräferenzen.
- Eine differenzierte Darlegung, wie Natur und Landschaft als Gesundheitsressource wirken – besonders veranschaulicht am Beispiel der Wälder.
- Ein Plädoyer für bewusste Naturbeobachtung in der unmittelbaren Wohnumgebung.

Inhaltsverzeichnis

Einleitung

1

Globale Klimaänderungen und ein dramatisches Artensterben stellen die Menschheit vor Herausforderungen, die nicht unterschlagen dürfen, dass gleichzeitig auch schweres menschliches Leid auf der Erde vermindert werden muss. Anthropogene Eingriffe in Ökosysteme und Landschaften beeinflussen direkt und indirekt menschliches Wohlbefinden. So etwa können Eingriffe in bislang kaum berührte Ökosysteme neue Übertragungswege für Zoonosen eröffnen und zu globalen Pandemien führen. In den Naturschutzbegründungen wurde lange der Ökosystemschutz ausschließlich als Artenschutz interpretiert und der Landschaftsschutz war primär touristisch und im Sinne der Denkmalpflege motiviert. Gleichwohl lässt sich zunehmend zeigen, dass sowohl im regionalen als auch globalen Maßstab intakte Ökosysteme und reidentifizierbare Landschaften nicht zuletzt für das menschliche Wohlbefinden essentiell sind.

Die Verknüpfung von Landschaft und Gesundheit erfolgt zumeist aus konstruktivistischer Sicht und Landschaft ist dabei, ebenso wie Gesundheit, vielen attributiven Zuschreibungen ausgesetzt. Zunächst werden knapp jeweils der Gesundheits- und Landschaftsbegriff exponiert, um hernach das Konzept der Therapeutischen Landschaften vorzustellen. Dieses beschreibt und erklärt im Wesentlichen, wie Orte die physische, psychische oder soziale Gesundheit von Menschen positiv beeinflussen.

Im Weiteren werden positive Einflüsse von Grünräumen, Natur und Landschaft auf die menschliche Gesundheit aufgezeigt. Wälder werden dabei gesondert als Erholungsraum dargestellt. Abschließend wird ein Vorschlag unterbreitet, die neuzeitlichen Entzweiungstendenzen von Mensch und Natur durch bewusste Naturbeobachtung zu überwinden.

J. Rathmann, *Therapeutische Landschaften*, essentials,
https://doi.org/10.1007/978-3-658-32056-0_1

2 Zum Konzept der Therapeutischen Landschaft

Der Begriff der Therapeutischen Landschaft („therapeutic landscape") gelangt „eher beiläufig" (Kistemann 2016, S. 123) in den wissenschaftlichen Diskurs der Geografie. Der Geograf Wilbert Gesler führte ihn in einem inzwischen vielzitierten Beitrag von 1992 zur Kulturgeografie in die seither anhaltende Diskussion ein. Der Begriff hat zahlreiche Weitungen aber auch Kritik erfahren. Trotzdem ist er nicht nur in viele Bereichen der geografischen Gesundheitsforschung etabliert und wird sehr häufig für die Diskussion um positive Zusammenhänge von Orten und menschlicher Gesundheit angeführt. Mit der Erweiterung eines engen biomedizinischen Gesundheitsbegriffs wurde immer stärker erkannt, dass die positiven Wirkungen von Natur, von Landschaften, die emotionale und affektive Bindung an Orte eine wichtige Komponente für das individuelle Wohlbefinden darstellen. Im deutschsprachigen Raum liegen mit den Arbeiten von Thomas Kistemann (2016 und Kistemann et al. 2019, Abschn. 8.3) hervorragende Einführungen in den Themenkomplex vor.

Geslers definiert Therapeutische Landschaften als (1993, S. 171) „those changing places, settings, situations, locations and milieus that encompass the physical, psychological and social environments associated with treatment or healing; they are reputed to have an enduring reputation for achieving physical, mental, and spiritual healing". Daraus wird ersichtlich, dass in dieser Vorstellung eine Landschaft nicht unbedingt ein konkreter erdräumlicher Ausschnitt sein muss. 2003 beschreibt Gesler „healing places", welche er als Teilmenge des übergeordneten Konzeptes von Therapeutischen Landschaften beschreibt. Die Wirkfaktoren der Umgebung beziehen sich nicht nur auf die natürliche Umwelt, sondern schließen ebenso die bebaute, die symbolisch aufgeladene sowie die soziale Umwelt mit ein. Beispielhaft legt Gesler dar, wie an den Orten Epidaurus in Griechenland,

J. Rathmann, *Therapeutische Landschaften*, essentials,
https://doi.org/10.1007/978-3-658-32056-0_2

Bath in England und Lourdes in Frankreich diese vier verschiedenen Umwelten jeweils eine heilsame Wirkung auf das Individuum entfalten können:

- Natürliche Umwelt: Ästhetischer Genuss, Eintauchen in die Natur, spezifische Elemente in der Natur
- Gebaute Umwelt: Sicherheit, Baugeschichte, symbolische Bedeutung
- Symbolische Umwelt: Bedeutungszuschreibungen, Bedeutung für Rituale
- Soziale Umwelt: soziale Unterstützung oder Marginalisierung

Bezogen auf den Ansatz der Therapeutischen Landschaft bezieht sich Gesler auf einen sehr breit angelegten Landschaftsbegriff. Landschaft ist für die Geografie seit Jahrzehnten ein Angelpunkt in der Diskussion um die methodische, inhaltliche und methodologische Ausrichtung des Faches, das einerseits eine naturwissenschaftliche Seite bedient (Physische Geografie), andererseits eine sozialwissenschaftliche in der Humangeografie. Die regionale Geografie wurde traditionell als der idiografische Integrationspunkt beider Seiten auf einen spezifischen Raum hin bezogen, betrachtet. Zunächst werden die Begriffe Landschaft und Gesundheit problematisiert, um dann den Ansatz der Therapeutischen Landschaften vor diesem Hintergrund erneut aufzugreifen.

2.1 Zum Landschaftsbegriff

Landschaft hat bisweilen ähnliche Konnotationen wie Natur, zu beiden Begriffen gibt es umfassende Diskussionen, historische Abhandlungen und Abgrenzungen (zum Landschaftsbegriff: Claßen 2016; Kühne et al. 2019). Natur steht generell für die nicht von Menschen erschaffene belebte und unbelebte Welt, die sich in der räumlichen Dimension von subatomaren Teilchen bis zu fernen Galaxien erstreckt. Schwierig ist die Abgrenzung von Natur und Kultur, wenn damit unsere konkrete Umwelt gemeint ist, denn die meisten Räume haben eine starke anthropogene Überprägung erfahren, sodass der Naturschutz oftmals Kulturlandschaften schützt. Dies zeigt, wie stark der Natur- und Landschaftsbegriff aufeinander bezogen ist. Hinsichtlich des räumlichen Bezugsrahmens ist Landschaft schmaler gefasst als der Naturbegriff; im Wesentlichen umfasst Landschaft den Horizont menschlicher Erfahrung und ist daher auch ganz zentral als ein ästhetischer Begriff zu fassen. Der Landschaftsbegriff, anders als der Naturbegriff, bildet einen konkreten Bezug zum Subjekt im Raum. „In der Landschaftsvorstellung geht es um die Natur, um die Natur als Umgebung des Menschen, die Natur in der Zuwendung eines Subjektes…. Die Natur ist in der Landschaftsvorstellung nicht Objekt der Erfahrung, sondern etwas, das in der Zuwendung des Subjektes mit Vergnügen aufgenommen wird und das in dieser Aufnahme der reflektierenden Beurteilung unterzogen wird" (Flach 1986, S. 17). In der Landschaft werden Natur, Kultur und Geschichte für den Betrachter ästhetisch gegenwärtig. Damit bildet Landschaft immer eine Ganzheit, welche sich aus verschiedenen Natur- aber auch Kulturobjekten zusammensetzt.

Im geografischen Diskurs um Landschaft stehen zwei Positionen scheinbar unversöhnlich gegenüber: positivistische Ansätze in den naturwissenschaftlich geprägten Zugangsweisen zu Landschaft und variantenreiche konstruktivistische Ansätze seitens der Sozialwissenschaften. Konstruktivistische Positionen adressieren die Frage, wie Landschaft von jeweiligen Subjekten und Gesellschaften wahrgenommen, in vorhandene Wahrnehmungsmuster eingebettet und unter Einbeziehung symbolischer Zuschreibungen konstruiert wird. Das Erkennen von Landschaften erfolgt zunächst in einem kontingenten sozialen, kulturellen und historischen Kontext. Das große Verdienst konstruktivistische Landschaftszugänge liegt darin, den Zugang zur Welt immer in Relationen zu verstehen, ähnlich einer hermeneutischen Perspektive, welche dabei aber auf Deutung und Wertung ausgelegt ist.

2.2 Annäherung an den Gesundheitsbegriff

Gesundheit ist zunächst ein Alltagsbegriff, der im Verständnis wenig Schwierigkeiten zubereiten scheint. „Gesund" ist wesentlich positiv konnotiert- „krank" als Gegenbegriff hingegen negativ. Daraus entwickelt sich eine wertende Bipolarität. Denn „gesund" ist auch eine Zuschreibung durch Andere und gleichzeitig ein subjektives Empfinden, das der äußeren Wahrnehmung widersprechen kann. Daraus wird deutlich, dass der Begriff „Gesundheit" offenbar ein schwierig zu fassendes Konstrukt darstellt, das alleine mit naturwissenschaftlichen Daten nicht zu fassen ist. Ein einfaches biomedizinisches Gesundheitsmodell mit einer klaren kausalen Zuordnung und einer daraus resultierenden Dichotomie von „krank" und „gesund" ist offenbar nicht haltbar. Abweichung von Grenzwerten (bsp. Blutdruck, BMI) müssen jedoch nicht ausschließlich mit einer Form von „Krankheit" in Verbindung gebracht werden. Denn ein medizinischer Befund muss nicht mit dem entsprechenden Befinden einer Person einhergehen. Doch verschiedene Klassifikationssysteme dienen dazu, einzelne Krankheitsbilder klar zu fassen. Das ICD-10 (International Statistical Classification of Diseases and Related Health Problems) der Weltgesundheitsorganisation (WHO) oder, bezogen auf psychische Störungen, das amerikanische System der DSM-III (Diagnostic and Statistical Manual of Mental Disorders) unterliegt einer permanenten Überarbeitung und hat zum Ziel, einzelne Krankheitsbilder mit diagnostischen Kriterien zu hinterlegen. Dabei ist klar, dass sich diese mit jeder Überarbeitung auch modifizieren lassen. Damit ist Krankheit immer auch ein zeitgebundenes und kulturelles Phänomen.

„Gesundheit ist der Zustand eines vollkommenen (complete) körperlichen, seelischen (mental) und sozialen Wohlbefindens und nicht nur die Abwesenheit von Krankheit und Gebrechen (infirmity)“ (WHO 1948). Diese sehr umfassende Definition hat zahlreiche Kritik auf sich gezogen, so lässt sich monieren, dass ein Zustand „vollkommenen Wohlbefindens“ immer nur eine Momentaufnahme darstellen kann. Damit wird Gesundheit zu einem Zustand, der zeitlich stark oszilliert. Jedoch liegt der Vorzug dieser Definition darin, dass sie die physische, psychische und soziale Ebene eines Menschen adressiert. 1986 erfolgt mit der Ottawa-Charta zur Gesundheitsförderung eine substanzielle Weitung des Gesundheitsverständnisses: „Grundlegende Bedingungen und konstituierende Momente von Gesundheit sind Frieden, angemessene Wohnbedingungen, Bildung, Ernährung, Einkommen, ein stabiles Öko-System, eine sorgfältige Verwendung vorhandener Naturressourcen, soziale Gerechtigkeit und Chancengleichheit. Jede Verbesserung des Gesundheitszustandes ist zwangsläufig fest an diese Grundvoraussetzungen gebunden“ (Ottawa-Charta 1986, S. 1 f.). Der Philosoph Klaus Michael Meyer-Abich (1936–2018) geht von einem umfassenden Gesundheitsbegriff aus, der selbst die WHO Definition überschreitet, weil er auch den „Naturzusammenhang des menschlichen Lebens berücksichtigt“ (Meyer-Abich 2010, S. 376). Damit eröffnet er eine neue Perspektive für die Gesundheitsforschung, weil er den Bezug zur umgebenden Natur stark in den Mittelpunkt seiner Überlegungen rückt: „Gesund also lebt man im Einklang mit der Natur, unserer individuellen mit der des Ganzen, an der wir teilhaben“ (Meyer-Abich 2010, S. 394).

Eine Vielzahl weiterer Definitionen versucht, den Gesundheitsbegriff zu spezifizieren (dazu: Franke 2012). Gesundheit bildet zur Krankheit ein Kontinuum, das als tägliche Ressource immer wieder erneuert werden muss. Um das subjektive Erleben erweitert, eingebettet in einen jeweiligen kulturellen Hintergrund, können auch schmerzhafte Erlebnisse, etwa im Vollzug religiöser Riten, als Bestandteil eines normalen, gesunden Lebens betrachtet werden, aber auch eine enge Bindung an die umgebende Natur ist für viele Völker eine spirituell aufgeladene Alltagserfahrung. Am Beispiel der Pilgerstätte Lourdes unterstreicht Gesler (2003) die Bedeutung spiritueller Erfahrung im Kontext Therapeutischer Landschaften.

Die enge Bindung von menschlichem Wohlbefinden und Gesundheit an Natur und Landschaft kann die drei Dimensionen von Gesundheit (physische, psychische und sozial) gleichermaßen positiv und negativ beeinflussen. Denn über mannigfaltige Verbindungen, direkte und indirekte Bezügen, wirkt die natürliche belebte sowie die unbelebte Mit- oder Umwelt auf die menschliche Gesundheit, auf das Wohlbefinden und die Möglichkeit zur Erholung ein. In dieser Perspektive gewinnt Landschaft den Status einer möglichen Gesundheitsressource, deren unterschiedlichen Schnittstellten mit Gesundheit nun genauer adressiert werden sollen. Abraham et al. (2007) stellen verschiedene Kriterien vor, nach denen Beziehungen von Landschaft und Gesundheit untersucht werden können. Ökologische Kriterien könnten Hitze- oder Lärmbelastung darstellen oder auch Allergene, welche anfällige Personen betreffen. Ästhetische Kriterien beziehen sich zumeist auf Landschaftsbildqualitäten und damit vorrangig den visuellen Eindruck einer Landschaft, wobei zunehmend erkannt wird, dass Landschaften auch jeweils Klanglandschaften (soundscapes) sind, welche sich durch eine spezifische Lautkulisse auszeichnen. Physische Kriterien beschreiben die Förderung von körperlicher Aktivität in einer Landschaft: eine Landschaft, die etwa Bewegungsanreize setzt und zum Kanufahren oder Klettern gleichsam einlädt. Daran sind auch psychische Kriterien gekoppelt: Entspannung, Stressabbau, das Verdrängen von negativen Emotionen und das Fördern von positiven Emotionen gelingt leicht bei sportlichen Aktivitäten im Freien. Gleichsam eine Erweiterung erfahren diese Kriterien um soziale Aspekte, wenn diese Aktivitäten in Gemeinschaft durchgeführt werden. Schließlich lassen sich auch pädagogische Kriterien untersuchen, die den Bereich von Umweltbildung umfassen können. Darüber hinaus sind es individuelle und kulturelle Bedeutungszuschreibungen, die einen symbolischen Charakter aufweisen können, wie etwa die besondere Bedeutung von Wäldern in der deutschen Kulturgeschichte oder der Idee von Wildnis in Nordamerika. Viele dieser Kriterien lassen sich nicht trennscharf einzeln untersuchen, da sie sich oft überlagern und aufeinander bezogen sind, es dient eher einem systematischen Interesse zunächst das zu trennen (beispielsweise den Kalorienverbrauch beim Joggen gegenüber dem psychischen Erholungseffekt), was für sich quantifiziert und in Effektenstärken benannt werden kann, um dann wieder zu unterstreichen, dass Gesundheit doch ein Komplex aus der Überlagerung der einzelnen Wirkmechanismen ist.

Betrachtet man Krankheit und Gesundheit als zwei entgegengesetzte Pole, so können dazwischen unterschiedliche Perspektiven eingenommen werden. Die pathogenetische Perspektive stellt Gesundheitsrisiken in den Vordergrund und versucht, Ansätze zu entwickeln, diese zu minimieren. „Die Literatur konzentriert sich fast ausschließlich auf negative Stressoren, vielleicht aus gutem Grund, da die Reduzierung des Leidens moralisch gesehen höherer Priorität sein mag als die Verbesserung des Wohlbefindens“ (Antonovsky 1997, S. 128). Die salutogenetische Perspektive hingegen richtet den Blick primär auf Gesundheitsressourcen.

Beides sind Konzepte, welche sich sehr gut ergänzen und jeweils eine Verbindung zu Natur und Landschaft dergestalt herstellen, dass hierin Risiken oder eben Ressourcen gesehen werden können.

Salutogenese

In der ursprünglichen Formulierung der Salutogenese durch den israelisch-amerikanischen Soziologen Aaron Antonovsky (1923–1994) wird versucht, Gesundheit und nicht Krankheit zu erklären, die Frage nach Bedingungen, die zu Erkrankungen führen, rücken damit in den Hintergrund. Damit leitete er einen Perspektivwechsel in der Gesundheitsforschung ein und konnte eine wichtige Ergänzung zu der dominierenden pathogenetischen Sicht anbieten.

In salutogenetischer Perspektive stehen Ressourcen, die Menschen zum Erhalt ihrer Gesundheit aktivieren können, im Vordergrund. Antonovsky Gesundheitsbegriff bewegt sich auf einem Kontinuum zwischen den Polen Krankheit und Gesundheit (health – ease – dis-ease) und wird ergänzt um den individuellen Umgang mit Stress und Widerstandsressourcen. Dazu zählen unterschiedliche persönliche, genetische, soziale Ressourcen aber auch materielle Ressourcen. Hier findet das Konzept der Therapeutischen Landschaften einen konkreten Anknüpfungspunkt, denn sämtliche Merkmale eines Menschen, seiner Umwelt bzw. der Interaktion mit der Umwelt, die eine wirksame Stressbewältigung ermöglichen, zählen zu den Widerstandsressourcen. Das übergreifende Konzept nennt Antonovsky das Kohärenzgefühl (sense of coherence, SOC), das sich darin ausdrückt, dass belastende Umweltreize adäquat bewertet werden, um den Wechselfällen des Lebens begegnen zu können. Kennzeichnend für dieses Gesundheitskonzept ist, dass das Subjekt als ein aktiver Gestalter seines Lebens betrachtet wird und nicht als ein bloß passives Objekt, das unterschiedlichen Risiken und Stressoren ausgesetzt wird.

Drei Merkmale rahmen das Kohärenzgefühl:

- Das Gefühl der Verstehbarkeit, das es einer Person ermöglicht, das eigene Leben in all seinen Facetten und Zusammenhängen zu verstehen.
- Das Gefühl der Handhabbarkeit oder Bewältigbarkeit, das die Überzeugung einer Person, das eigene Leben aktiv gestalten zu können, beschreibt.
- Das Gefühl der Sinnhaftigkeit, die Überzeugung, dass das eigene Leben sinnerfüllt ist.

Das SOC ist kein wirkliches „Gefühl", es ist als eine Art kognitives Beurteilungsmuster zu verstehen, das aber die emotionale Ebene über den Sinnaspekt sicherlich adäquat berücksichtigt. Antonovsky wurde bei seinen Arbeiten zum

SOC auf den österreichischen Psychiater Viktor Frankl (1905–1997) aufmerksam, der in seiner Logotherapie die Bedeutung von Sinn für ein gelingendes Leben unterstreicht. Dabei setzt sich Frankl bewusst von Sigmund Freund und Alfred Adler ab, bei denen er die geistige Dimension, den Sinn, vermisst. Denn für ihn ist das Streben nach Sinn im Leben, mithin die geistige Dimension, die zentrale Motivationskraft von Menschen. Hier schließt Antonovsky systematisch an, obgleich mit anderer Argumentation, wenn er das SOC als „Ausmaß, in dem man das Leben emotional als sinnvoll empfindet" (Antonovsky 1997, S. 35) beschreibt. „Bevor Ressourcen mobilisiert werden können, ist es notwendig, die Natur und die Dimension des Problems zu definieren, ihm einen Sinn zu geben" (S. 131). Dann ist die „motivationale und kognitive Basis für Verhalten" (S. 137) gegeben, das die Probleme wahrscheinlicher löst.

Eine Weitung des Gegenstandsbereiches

Pathogenese, die Wissenschaft der Krankheitsentstehung und Salutogenese, die Wissenschaft von der Gesundheitsentstehung können sich gegenseitig ergänzen und sind daher komplementär zu verstehen. Die Pathogenese fokussiert auf Probleme und versucht Risiken zu vermeiden, zu verringern und zu bekämpfen. Der Ansatz basiert auf klar benennbaren Ursache-Wirkungsbeziehungen aus denen sich Handlungsanleitungen ableiten lassen.

Der salutogenetische Ansatz hingegen basiert auf Kohärenz und damit auf subjektiven Stimmungen, er zielt auf eine Entwicklung ab, welche mehrere Möglichkeiten einschließt. Zentral ist dabei ein Bezug auf eine geistige Dimension, welche hilft, Ressourcen zu aktivieren. Tiere, Pflanzen, das Wetter, die Luft, Natur und Landschaften können solche Ressourcen darstellen. Damit weitet sich der bisherige Gesundheitsbegriff. Ebenso erweitert sich die Perspektive auf Naturschutzbegründungen, die lange aus pathogenetischer Sicht (Schutz vor Umweltverschmutzung) erfolgten, um eine salutogenetische, welche die Umwelt als Ressource für den Menschen herausstellt (grundlegend dazu: Claßen 2008).

Ökosystemleistungen

Mit dem Konzept der Ökosystem(dienst)leistungen (ÖSL) wird der Einfluss von Ökosystemen auf das menschliche Wohlbefinden (wellbeing) thematisiert, denn Gesundheit hängt in vielen Aspekten von Umwelteinflüssen ab und ist daher auch eng mit der Qualität der umgebenden Ökosysteme vernetzt. Das Konzept der ÖSL versteht natürliche Ökosysteme als eine Basis für menschliches Wohlbefinden und versucht, Leistungen der Natur zu monetarisieren, um dadurch ein Bewusstsein für den (monetären) Wert von Ökosystemen zu entwickeln.

Denn Ökosysteme erbringen zahlreiche Leistungen, die Menschen nutzen (können), die aber auch grundsätzlich menschliches Leben erst ermöglichen. Viele dieser „Leistungen“ werden in Anspruch genommen und genutzt ohne, dass Menschen bewusst wahrnehmen, welche Leistungen ggf. auch übernutzt werden. Daher ist die Wertschätzung für zahlreiche ÖSL oftmals gering. Eine umweltökonomische Perspektive eröffnet den Blick für den Wert solcher Leistungen für Gesellschaften aber auch den Einzelnen und kann daraus Schutzargumente ableiten. Von den Vereinten Nationen wurde daher 2005 mit dem Millenium Ecosystem Assessment (MEA) eine Zustandsbeschreibung globaler Ökosysteme und Bewertung ihrer Leistungen vorgenommen (MEA 2005). Die dabei vorgestellte Klassifikation von ÖSL ist inzwischen weit verbreitet und untergliedert diese in Versorgungsleistungen (z. B. Nahrungsmittel, Trinkwasser), Regulierungsleistungen (z. B. Schadstofffilterung durch Böden, Speicherung von Treibhausgasen in Böden), kulturellen Leistungen (z. B. Erholung, spirituelle Werte) und unterstützenden Leistungen oder Basisleistungen wie beispielsweise Photosynthese oder Bodenbildung. Um den monetären Wert von ÖSL zu ermitteln, müssen hypothetische Märkte generiert werden, da zahlreiche ÖSL, als öffentliche Güter, keinem marktwirtschaftlichen Preismechanismus unterliegen und daher zumeist kostenlos genutzt werden können. Der ökonomische Gesamtwert (total economic value, TEV) bildet die umfassende Grundlage der ökonomischen Erfassung umweltbezogener Werte. Durch eine Quantifizierung und Monetarisierung von ÖSL wird eine Basis bereitet, ökonomische, soziale und ökologische Belange in Entscheidungsprozessen abzuwägen, um öffentliches Verhalten hin zu einem verbesserten Schutz von Ökosystemen zu lenken.

Konkret kann beispielsweise über Zahlungsbereitschaftsanalysen der monetäre Wert unterschiedlicher Leistungen einschätzen werden und damit Natur in einen Preismechanismus einbezogen werden, ohne dass Natur dabei selbst zu einem Marktgut wird (vgl. Rathmann 2019). Vielmehr soll damit eine gemeinsame Bewertungsbasis für unterschiedliche Leistungen ermöglicht werden. Die Leistung Holzzuwachs eines Waldstückes kann über Marktpreise bestimmt werden, die Erholungsleistung innerhalb des Waldstückes jedoch nicht. Über Zahlungsbereitschaftsanalysen lässt sich dieser Wert jedoch auch (mit unterschiedlichen Unsicherheiten) bestimmen und kann dann jenem Wert des Waldes für die Forstwirtschaft zur Seite gestellt werden. Für die Erholungsleistung von Wäldern in Deutschland lässt sich dabei ein Wert, hochgerechnet auf alle Einwohner, mit 1,9 Mrd. € für das Jahr 2011 bestimmen, die durchschnittliche Zahlungsbereitschaft eines Waldbesuchers beträgt dabei etwa 36 € pro Person und Jahr (Elsasser und Weller 2013).

Kulturelle ÖSL lassen sich grundsätzlich kritisieren, da sie auf unterschiedlichste Weise einen gänzlich anderen Charakter aufweisen als Leistungen, die sich naturwissenschaftlich messen und in Ursache-Wirkungskomplexen erklären lassen. Für gesundheitliche Zusammenhänge sind aber diese Faktoren von großer Bedeutung und die Wahrnehmung einer Landschaft als eine ästhetisch hochwertige kann als Teil einer kulturellen ÖSL aufgefasst werden. Denn diese „Dimension, die eine Umwelt für den Menschen nicht nur zuträglich und abträglich macht, sondern mehr oder weniger angenehm" (Böhme 2019, S. 178) schlägt eine weitere Brücke hin zu menschlichem Wohlbefinden, mithin Gesundheit. Für Gernot Böhme ist es das „In-Sein", dass diese Mensch-Umwelt-Beziehung hierbei auszeichnet und „das Befinden des einzelnen Menschen in seiner Umgebung" beschreibt (Böhme 2019, S. 182). Mit der „Befindlichkeit" wird die jeweilige Qualität des Raumes, in dem der Mensch sich aktuell befindet, beschrieben (Böhme 2019, S. 185). Über die Sinnkategorie des Koheränzgefühls, gerahmt im Konzept der kulturellen ÖSL, sind damit Ansätze grundgelegt, einen weiteren umfassenden Gesundheitsbegriff zu entwickeln.

EcoHealth, OneHealth, Planetary Health

Die enge Bindung von Menschen an die umgebende Natur sowie die Vorteile, die Menschen aus dieser Bindung erzielen, wird neben dem Konzept der Ökosystemleistungen in weiteren umfassenden Gesundheitsmodellen adressiert.

EcoHealth soll als Begriff für ein Forschungsfeld dienen, welches Änderungen globaler Ökosysteme und Auswirkungen auf die menschliche Gesundheit untersucht. Das schließt dann umweltethische Aspekte ebenso ein, wie Fragen von Gerechtigkeit und Ökosystemleistungen. Solch transdisziplinäre Forschungsansätze erfordert auch das Konzept der Planetary Health, das auf der Rockefeller Foundation-Lancet Commission on Planetary Health gründet (Whitmee et al. 2015). Auch dieser Ansatz bezieht die natürliche und umgestaltete Umwelt des Menschen in einen erweiterten Gesundheitsbegriff mit ein. Denn die Gesundheit und das Wohlbefinden des Menschen hängt auch vom Zustand der natürlichen Umwelt ab, sodass dieses Konzept letztlich den ökologischen Zustand der gesamten Erde mit betrachtet. Degradierte Ökosysteme mit verschmutztem Wasser, erodierte Böden oder eine hohe lufthygienische Belastung haben ganz offenkundig negative Auswirkungen auf die Gesundheit von Menschen indem die Ernährungssicherung gefährdet wird aber auch durch direkte negative Auswirkungen durch Krankheitserreger in Gewässern oder der Gefahr von Atemwegserkrankungen durch eine starke Luftbelastung. Intakte Ökosysteme bergen selbstverständlich auch Risiken für die menschliche Gesundheit (beispielsweise Zecken, Allergene, Raubtiere oder giftige Tiere) jedoch sind die Risiken durch degradierte, verschmutzte und fragmentierte Ökosysteme insgesamt erheblich größer. Damit erfolgt im Wesentlichen ein Rückgriff auf Argumente, welche im Konzept der Ökosystemleistungen bereits artikuliert wurden, wenngleich die zentralen Intentionen „Erhalt der Biodiversität" im Ökosystemleistungs-Konzept und „Erhalt der menschlichen Gesundheit" im Planetary Health in ihrer Komplementarität evident sind.

2008 wurde die global angelegte Initiative OneHealth durch eine Kooperation von Ärzten und Tierärzten gestartet. Der Fokus von OneHealth liegt zunächst auf Infektionskrankheiten, die sich durch Mensch-Tier-Umweltbeziehungen analysieren und verstehen lassen. Denn geschädigte Ökosysteme können bei Menschen aber auch Nutztieren und Nutzpflanzen Krankheiten hervorrufen. Studien zu antibiotikaresistenten Bakterien bilden ein Beispiel, welches durch Analysen basierend auf dem OneHealth-Ansatz, dazu beitragen kann deren Verbreitung einzudämmen und damit sowohl Nutztieren als auch dem Menschen zu helfen. Denn die Lösungsansätze können nicht (ausschließlich) in der Entwicklung neuer Antibiotika liegen, sondern es gilt alle Verbreitungspfade zwischen Wasser, Abwasser, Nutzpflanzen, Nutztieren und Menschen zu berücksichtigen (Niedrig et al. 2017). Damit ist der Ansatz stark pathogenetisch ausgelegt, weitet aber den Gesundheitsbegriff elementar.

EcoHealth, Planetary Health und OneHealth stellen letztlich umfassende Gesundheitsmodelle dar, welche auf der Annahme basieren, dass für die menschliche Gesundheit funktionierende, „gesunde" Ökosysteme erforderlich sind.

Der von Leischick et al. (2016) beschriebene Gesundheitsbegriff mündet in der schlussfolgernden Frage, ob man sich hinsichtlich eines Gesundheitsbegriffes zurück in die archaische Richtung zu Gott, den Göttern oder bösen Geistern bewege solle, was einen altertümlichen Gesundheitsbegriff zu umschreiben vorgibt, oder ob sich ein moderner Gesundheitsbegriff in Richtung des 22. Jahrhunderts bewegt, welcher sich davon abhebt. Dies ist jedoch eine unzutreffende Perspektive und Alternative, denn dabei verkennen die Autoren, dass der Mensch durchaus auch im 22. Jahrhundert der Spiritualität bedürftig ist. Entgegen ihrer Darstellung, in welcher ästhetische Werte und Erholung als Beispiele für kulturelle ÖSL angeführt werden, lassen sich auch spirituelle und religiöse Werten darunter klassifiziert. Diese können einer Krankheit einen Sinn vermitteln, etwa mit der Perspektive auf eine kommende Ewigkeit. Generell lässt sich zeigen, dass gelebte Spiritualität zahlreiche positive gesundheitliche Aspekte haben kann (vgl. Bucher 2007). Diese Werte können sich in Feldkreuzen am Wegesrand manifestieren oder werden in anderen Kulturen oftmals Naturobjekten zugeschrieben (heilige Plätze, Naturgötter). Diese Perspektive ist insbesondere dann wichtig, wenn ein Gesundheitsbegriff kulturübergreifend Akzeptanz und Wirkmächtigkeit erlangen soll und keinem Eurozentrismus oder einer generell westlichen Sicht verhaftet sein soll. Denn neben der Argumentation auf der Basis der ÖSL kommt ein kultureller Aspekt hinzu: In einem offenen Brief medizinischer Anthropologen und Vertreter autochthoner Völker an die WHO aus dem Jahr 2016 wird konstatiert, dass ein Gleichgewicht der Menschheit mit seiner Umgebung integraler Bestandteil eines Gesundheitsbegriffes sein muss; d. h. der richtige Platz des Menschen in einer gesunden Natur (Charlier et al. 2017). Unter einem spirituellen Aspekt wird argumentiert, dass Schäden in der natürlichen Umgebung des Menschen, als übernatürliche Entität begriffen, auch für den Menschen, als Teil dieser Entität, negative Gesundheitsfolgen nach sich ziehen. Damit sich indigene Freiheit nicht durch eine Verwestlichung bedroht sieht, bilden ein Leben im Gleichgewicht mit der Umwelt sowie das Ausleben der eigenen Spiritualität zwei Ergänzungsvorschläge zu einer umfassenden Gesundheitsdefinition.

Bereits im Millenium Ecosystem Assessment (MEA 2005) wurden Aspekte wie Spiritualität und Religiosität als kulturelle ÖSL adressiert; in einer salutogenetischen Gesundheitsperspektive wird zusätzlich die Bedeutung von Sinn für den Menschen herausgestellt. Folgt man dem Konzept der ÖSL, so wird selbst in diesem quantitativen, auf Monetarisierung bedachten Konzept, das Bedürfnis der Menschen nach Sinn, Trost, Zuversicht bedacht. Damit wird versucht, der engen, auch emotionale Bindung von Menschen an die Umgebung gerecht zu werden.

Landschaft und Gesundheit: Therapeutische Landschaften vertieft betrachtet

Sowohl der Gesundheits- als auch der Landschaftsbegriff entzieht sich einer einfachen Definition. Bezieht man beide Begriffe im Konzept der Therapeutischen Landschaften aufeinander, so erhellt sich von selbst, dass dies ein sehr weites Konzept sein muss. Die disziplinhistorische Entwicklung, welche den Weg zu den „Therapeutischen Landschaften" geebnet hat und die weitere Ausdifferenzierung kann hier nicht nachgezeichnet werden (dazu: Kistemann 2016; Bell et al. 2018; Kistemann et al. 2019). Die Verbindungen von Orten, Räumen, Natur und Landschaft zur Gesundheit des Menschen wird im Konzept der Therapeutischen Landschaften fokussiert (Gesler 1993, 2003). Orte, die Menschen gerne zur Erholung aufsuchen, zur Heilung oder zu therapeutischen Maßnahmen; letztlich alle Ort mit einer positiven Gesundheitswirkung lassen sich nach Wilbert M. Gesler als Therapeutische Landschaften beschreiben. Damit wird ein Raum als Gesundheitsressource verstanden und zahlreiche Studien weisen positive Wirkungen von naturnahen Räumen auf das menschliche Wohlbefinden, die Lebensqualität und die menschliche Gesundheit nach (Maller 2008; Abraham et al. 2010; Gebhard und Kistemann 2016). Das Konzept der Therapeutischen Landschaften wird seit

Beginn der 1990er Jahre sehr intensiv im wissenschaftlichen Diskurs aber auch in der praktischen Umsetzung diskutiert (Claßen und Kistemann 2010; Jonietz und Rathmann 2013, Kistemann 2016; Rathmann und Brumann 2017; Kistemann et al. 2019). Das Konzept fokussiert nicht nur auf konkrete Landschaften in einem naturalistischen Sinn, verschiedene soziale Konstruktionen von Räumen und von Orten werden, in ihren positiven Auswirkungen auf menschliche Gesundheit, innerhalb dieses Ansatzes mitgedacht.

Diese Verbindungen von Orten zur Gesundheit des Menschen umfasst unterschiedliche Bedeutungsschichten von der naturalistischen Ebene der konkreten Landschaft über symbolische Zuschreibungen, welche Orte erfahren können, über eine strukturalistische, wo Machtdiskurse relevant werden, bis hin zur einer poststrukturalistischen Ebene (Claßen und Kistemann 2010). „Ort" ist dabei nicht als ein fixierter zu verstehen, denn beim Wandern ändern sich die Orte, auch beim Gehen durch die Stadt mit wechselnden Umgebungsvariablen. Gesler zeigte zunächst konkrete Orte, welche Heilvorgänge unterstützen, was den Begriff des Therapeutischen gut begründet. Zahlreiche Studien konzentrierten sich auf einer naturalistischen Ebene darauf, wie Grünräume nicht nur die Heilung fördern, sondern generell Gesundheit stabilisieren, erhalten oder Wohlbefinden erzeugen (vgl. Williams 2008). Doch durch diese Weitung des Konzepts ist der Begriff des Therapeutischen nicht mehr generell treffend. Eine weitere Schwierigkeit hat das Konzept darin, dass es auch Anwendung in Studien zu sehr spezifischen Orten findet. Eine Raucherecke in einem Krankenhaus lässt sich als eine Therapeutische Landschaft beschreiben, weil dort das psychische und soziale Wohlbefinden Förderung erfahren kann, die physischen Folgen sind, nicht zwingend, aber mit hoher Wahrscheinlichkeit schädlich (Tan 2013; Wood et al. 2013). Damit wird nicht nur der Begriff es „Therapeutischen" sehr gedehnt, auch jener der „Landschaft". Dies gilt umso mehr, wenn man mit diesem Konzept untersucht, wie Menschen im Alltagshandeln durch soziale Unterstützung sich in der eigenen Wohnung einen Rückzugsort und gleichsam eine eigene Therapeutische Landschaft schaffen. Liamputtong und Suwankhong (2015) zeigen dies am Beispiel von an Brustkrebs erkrankten Thai Frauen. Der Bezug zum eigenen Körper ist eine weitere Variable für das Empfinden von krank oder gesund. In diesem Bezug wird der Körper, welcher zunächst das Äußerliche ist, das, was auch ärztlicher Behandlung ausgesetzt werden kann, zum Leib, zum persönlichen Erfahrungsraum. Dadurch kann phänomenologisch eine Brücke vom Leib zum modernen Umwelt- und Gesundheitsdiskurs gebaut werden (vgl. Böhme 2019). Im Konzept von Therapeutischen Landschaften, den Körper jedoch als „healing landscape" zu thematisieren (English et al. 2008), überdehnt erneut den Begriff einer Landschaft.

Positive gesundheitliche Einflüsse eines Eintauchens des Leibes in die umgebende Landschaft können sich trotzdem einstellen.

Andere Studien Fokussieren auf Krankenhäuser und das Design von Krankenhausgärten („healing gardens“) (Cooper Markus und Sachs 2014) oder den Gesundheitstourismus (Rathmann 2016), erweitert um Studien zu Kurorten, wo die naturräumliche Ausstattung durch ein entsprechendes Reizklima, eine ästhetisch ansprechende Landschaft oder Heilquellen die dort vorhandenen Gesundheitseinrichtungen ergänzt (Gesler 1998).

Bell et al. (2018) zeigen die Weiterentwicklung des Konzeptes der Therapeutischen Landschaft und die Komplexität bei der Betrachtung von Materialität, sozialer, spiritueller und symbolischer Ebenen und unterschiedlichen Praxen im Kontext von Raum und Gesundheit. So berechtigt diese Weitungen und Weiterentwicklungen der Therapeutischen Landschaften sind, so besteht darin die Gefahr, dass das Konzept dadurch an Trennschärfe verliert. Daher wird im Folgenden in bewusster Einschränkung nicht die gesamte Vielfalt dessen, was unter Therapeutischen Landschaften beschrieben wird, dargestellt. Vielmehr wird auf einer naturalistischen Ebene darauf abgehoben, wie die konkrete Umgebung des Menschen als Gesundheitsressource verstanden und auch quantifiziert werden kann. Zusätzlich folgt eine Ergänzung um die ethische Dimension im Wirkkomplex von Mensch und Natur und Landschaft.

3 Mensch-Ort-Bindungen

3.1 Place attachment

Grünräume im Allgemeinen und Wälder im Besonderen können die Erholung von Stress und geistiger Ermüdung fördern (Ulrich 1983; Kaplan und Kaplan 1989; Ulrich et al. 1991), positive Emotionen auslösen, negative unterdrücken (Hartig et al. 1996), die Konzentrationsfähigkeit steigern, Anreize zu körperlicher Bewegung setzen und soziale Begegnungen ermöglichen (Maller et al. 2008; Abraham et al. 2010). Neben direkten körperlichen Reaktionen auf die jeweilige Umwelt gibt es affektive und emotionale Bindungen von Personen an die Umgebung. Eine Brücke vom subjektiven Wohlbefinden oder Unwohlsein zur unmittelbaren Umgebung schlagen verschiedene Konzepte zu Mensch-Ort-Beziehungen. Dies unterstreicht einen zentralen Aspekt in der Diskussion um Therapeutische Landschaften: der umgebende Raum wird durch persönliche, affektive Bindungen, durch die Zuschreibung von Sinn- und Bedeutung zu einem spezifischen Ort, einem „place“. Rein funktionale Beziehungen in Ökosystemen, in naturwissenschaftlich zu beschreibenden und zu quantifizierenden Räumen werden dabei durch Sinnzuschreibungen individuell angeeignet und qualitativ als ein spezifischer Ort konstruiert, wofür oftmals der englische Begriff „place“ verwendet wird. Zunächst ist ein Ort, in dem sich eine Person befindet, als Teil des geografischen Koordinatensystems konkret zu verorten, der Ort weist eine bestimmte materielle Ausstattung aus, sei es ein Waldgebiet oder eine Stadtlandschaft – die subjektive Bindung zu diesem Ort lässt sich dann als „sense of place“ beschreiben. Der Raum kann folglich positiv oder negativ für eine Person konnotiert sein oder sich als völlig belanglos darstellen. Der konkrete Ort ist der Raum der existenziellen Verankerung von Menschen in der Welt. Hier finden Grenzerfahrungen,

J. Rathmann, *Therapeutische Landschaften*, essentials,
https://doi.org/10.1007/978-3-658-32056-0_3

beglückende Momente sowie Interaktionen mit anderen Menschen aber auch der belebten und unbelebten Natur statt. Der konkrete Ort ist der Verhandlungsort des individuellen Schicksals, und der zentrale Bezugspunkt für das existenzielle In-der-Welt-Sein im Sinne Martin Heideggers.

Vor diesem Hintergrund erhellt sich von selbst, dass die gesundheitlichen Auswirkungen von Landschaften auf den Menschen, diese komplexen persönlichen Momente einfangen muss. In salutogenetischer Perspektive wird gerade auf den Sinnaspekt für den Menschen als wesentliches Moment zur Steigerung von Widerstandsressourcen abgehoben (vgl. Rathmann 2020a).

Ortsbindungen können unterschiedlich zur Identitätskonstitution und damit zu menschlichem Wohlbefinden beitragen (Lengen 2016). Mit der Bezeichnung „sense of place" wird recht allgemein und daher umfassend die emotionale oder affektive Beziehung von Menschen zu ihrer Umgebung im räumlichen Kontext beschrieben. Eine positive Zuschreibung erfahren solche Bindungen durch das Konzept von „place attachment" in der Mensch-Ort-Beziehung. Place attachment entwickelt sich als ein Prozess der Interaktion von Person, Ort und Prozessen, wie Affekte, Verhalten und Kognition (Scannell und Gifford 2010, 2016). Im Ort werden dabei sowohl die physischen Attribute desselben als auch die symbolischen Zuschreibungen relevant. Die Person ist dabei mit ihrem soziokulturellen Hintergrund und den eigenen Persönlichkeitsmerkmalen in dem Modell von place attachment verflochten. Die physische Umwelt und die Interaktion mit derselben kann das Selbstbewusstsein einer Person stärken und damit die psychische Balance zwischen extremen emotionalen Zuständen herstellen (Korpela 1989). Daher sind solche Mensch-Ort-Interaktionen durchaus gesundheitsrelevant. Bereits 1974 schlug der Geograf Yi-Fu Tuan das Konzept „Topophilia" vor, um die Bindung zwischen Menschen, „place and setting" zu analysieren. Solastalgia beschreibt nach Albrecht (2005) den Stress, den Menschen bei starker Umweltdegradation erleben. Nostalgia hingegen eine Art Heimweh. Negative Auswirkungen des anthropogen verstärkten Treibhauseffektes auf menschliches Wohlbefinden können in dem konzeptionellen Rahmen der Solastalgia thematisiert werden (Wood et al. 2015). Biophilie und Biophobie beschreiben eine unmittelbare Bindung von Menschen an die belebte Umwelt, der konzeptionelle Schwerpunkt liegt hier weniger im „Ort", doch finden solche Erfahrungen immer an Orten statt.

Eine umfassende Typologie und empirische Prüfung von positiven und negativen „psychoterratic states" in Bezeichnung nach Glenn Albrecht (2005), also affektiven Bindungen, welche Menschen zur umgebenden Natur, Umwelt oder Landschaft aufbauen (beispielsweise place attachment, sense of place, place identity, place dependence, Topophilia, Solastalgia, Nostalgia, Biophilie, Biophobie usw.) steht bislang, trotz der wichtigen Übersicht bei Lengen (2016) noch aus. Auch werden diese Konzepte nicht immer trennscharf definiert und je nach Autor auch anders akzentuiert, schließlich gibt es teilweise empirische Studien, teilweise eher theoretische Erörterungen, was einen taxierenden Vergleich der Konzepte erschwert.

3.2 Biophilie und Biophobie

Die Konzepte der Biophilie und Biophobie beschreiben positive und negative Wirkungen, welche die Anwesenheit von nichtmenschlichem Leben auf Menschen entfalten kann. Der Biologe Edward Wilson erklärt diese affektive Bindung von Menschen an andere Lebewesen aus der Evolutionsgeschichte heraus. Die Entwicklung des Menschen, seiner kognitiven Strukturen und seiner emotionalen Bedürfnisse erfolgte immer im engen Kontakt zu der umgebenden belebten und unbelebten Umwelt (Wilson 1984). Diese genetische Prägung führt dazu, dass Menschen, trotz aller kulturellen Überprägung, weiterhin essentiell auf Naturkontakte zur Aufrechterhaltung des psychischen und physischen Wohlbefindens angewiesen sind. Affektive, emotionale und kognitive Beziehungen zu anderen Lebewesen aber auch Landschaften lassen sich vor diesem Hintergrund (zumindest teilweise) auf die genetische Prägung während der Menschwerdung zurückführen.

Bezogen auf Landschaften im Sinne von größeren Naturräumen lässt sich dadurch eine Präferenz für savannenartige Landschaften, welche die Habitate in der Menschwerdung mutmaßlich darstellten, begründen. Damit lassen sich auch ästhetische Wertzuschreibungen auf eine genetische Prägung zurückführen. Die Geschichte der Menschheit ist immer in einem engen Kontakt zu anderen Lebewesen (zunächst primär als Nahrungsressource) erfolgt; dies könnte erklären, dass bis heute, beispielsweise über Haustiere, Zimmerpflanzen und Gartenarbeit, ein Bedürfnis nach Naturkontakten besteht. Insbesondere für die psychische Stabilität von Menschen scheint diese Bindung wichtig zu sein und der positive Einfluss von Tieren wird beispielsweise in weiten Bereichen der tiergestützten Therapie (Animal-Assisted Therapy AAT) nutzbar gemacht. Aus einer rein biomedizinischen Perspektive haben diese Therapieansätze einige methodische Schwierigkeiten im Messen von Effektenstärken. Auch der Einfluss der begleitenden Therapeuten und weitere soziale Aspekte, eine zumeist sehr geringe Stichprobengröße und kaum Vergleichsgruppen führen dazu, dass sich Effekte überlagern und nicht mehr im Einzelnen benannt werden können. Trotzdem lässt sich gerade im Kontext der Therapeutischen Landschaften eine Erweiterung der AAT denken, in dem der räumliche Kontext der Therapie stärker Berücksichtigung findet. Die positiven Einflüsse einer naturnahen Umgebung auf das Wohlbefinden der PatientInnen könnten die therapeutischen Effekte der AAT nochmals steigern (Rathmann und Brumann 2017). Diese emotionale Bindung von Menschen, Tieren und der Umgebung bringt auch der Kulturhistoriker und Theologe Thomas Berry (1914–2009) zum Ausdruck: „Was wir brauchen, ist eine Geographie als Erforschung der Innerlichkeit. Ebenso wie es eine Zuneigung zwischen Menschen und Tieren gibt, so gibt es auch eine emotionale Verbindung in der Weise, wie der Mensch die Landschaft sieht. Nichts steht letztlich außerhalb dieser Innerlichkeit. Unsere Forschungen, die wir als „ökologisch"bezeichnen, müssen zu einer solchen Verbindung mit unserer natürlichen Umwelt führen" (2011, S. 102). Erweitern möchte man hier die Unterscheidung von Mensch als Exemplar der Gattung und der Person, dem konkreten Individuum mit Entscheidungs- und Willensfreiheit.

Bei der Betrachtung von Mensch-Natur-Beziehungen darf man jedoch nicht Gefahr laufen, einer romantischen Verklärung oder esoterischen Naivität zu erliegen, denn es gibt immer reale Risiken und Gefahren für Menschen im Kontakt mit Natur. Auch fühlen sich bis heute viele Menschen von Tieren, die Ekel, Unwohlsein oder sogar Angst auslösen können, abgestoßen. In westlichen Ländern dominiert die Abneigung gegen Schlangen und Spinnen offenbar als Folge einer evolutionären Prägung (Ulrich 1993). Dies lässt sich als Biophobie (als eine Art Angst vor Lebendem) beschreiben und kann auch um die Angst vor dunklen Wäldern oder schwer einsehbaren Höhlen um abiotische Landschaftselemente erweitert werden. Soziobiologisch könnte man dies wieder damit erklären, dass diese Lebewesen und Lebensräume auch schon in den frühen Phasen der Menschwerdung reale Gefahren dargestellt haben. Schlangen stellen insbesondere für die arme ländliche Bevölkerung in tropischen Regionen Afrikas, Asiens und Lateinamerikas weiterhin ein großes Gesundheitsrisiko dar. Die Vergiftung durch Schlangenbisse hat die WHO im Juni 2017 daher auf die Liste der „neglected tropical diseases" gesetzt, mit dem Ziel, ein Bewusstsein für diese Gefahren zu schaffen und darüber hinaus prioritäre Handlungsempfehlungen und Schutzmaßnahmen zu erarbeiten. Dadurch erhalten Vergiftungen infolge von Schlangenbissen den Status einer Krankheit (disease).

Auf einer symbolischen Ebene steht die Schlange als Attribut des Asklepios, dem Gott der Heilkunst und heute als Symbol der Ärzteschaft für eine positive Setzung. Diese positive Bedeutungszuschreibung erfahren Schlangen auch in einem erweiterten Biophilie-Konzept (Kellert 1993, S. 43). Denn die Schlage als potenziell lebensbedrohende Gefahr für den Frühmenschen gilt es zu kennen und zu beobachten. Der positive Aspekt liegt dann darin begründet, dass sich Menschen aktiv und konzentriert mit ihrer natürlichen Umwelt auseinandersetzen.

4 Landschaftspräferenzen

Es gibt Landschaften, welche einen höheren ästhetischen Reiz haben als andere. Dies mag in der Wahrnehmung kulturell, historisch und individuell verschieden sein, trotzdem scheint es Landschaften und spezifische Landschaftselemente zu geben, welche von vielen Menschen gleichermaßen bevorzugt werden. Landschaftspräferenzen zeigen sich darin, welche Räume vorrangig zur Erholung, zur Steigerung des individuellen Wohlbefindens und damit zur Erhaltung von Gesundheit, aufgesucht werden. Landschaftspräferenzen können sowohl angeboren sein aber auch kulturell oder durch die individuelle Biographie bestimmt werden. Empirische Studien sowohl zu genetisch verankerten als auch zu entwicklungsbedingten Einflüssen auf solche Präferenzen mit komplexen Wechselwirkungen von beiden fehlen bislang.

Evolutionsbiologische Erklärungsansätze für Landschaftspräferenzen unterstellen, dass sich aus den Überlebensanforderungen der Frühmenschen bestimmte Präferenzen für Landschaftstypen entwickelt haben. Theoretische Untermauerung erfahren solche Erklärungsansätze durch die Arbeiten von Kaplan und Kaplan (1989); sowie Ulrich (1983). Daraus lassen sich affektive Reaktionen auf bestimmte Landschaften erklären.

Die Savannen-Hypothese unterstellt beispielsweise, dass eine Vorliebe für savannenartige (Park-) Landschaften durch die Prägung während der Hominisation in der ostafrikanischen Savanne bedingt sei. Die Verfügbarkeit von Ressourcen, der Schutz vor Raubtieren, die Möglichkeit zur Orientierung und zur Übersicht im Raum sind dabei zentrale Anforderungen an eine Landschaft, die das Überleben der Frühmenschen sicherte (Heerwagen und Orians 1993). Die Überlebens- und Reproduktionschancen innerhalb einer Landschaft führten dann zu einer Nutzung oder entsprechender Ablehnung derselben.

J. Rathmann, *Therapeutische Landschaften*, essentials,
https://doi.org/10.1007/978-3-658-32056-0_4

Die Prospect-Refuge-Theorie von Jay Appleton (Appleton 1996) argumentiert ähnlich soziobiologisch und sieht in solchen offenen Landschaften evolutionäre Vorteile in der Menschheitsentwicklung. Dabei wird auf die Bedeutung, Beutetiere rechtzeitig zu erkennen und sich gegebenenfalls vor Raubtieren und extremen Wetterereignissen schützen zu können, abgehoben. „Prospect“ unterstreicht die Wichtigkeit für die Frühmenschen, Übersicht über einen Raum zu gewinnen, den Raum zu erkunden, um eine Vielzahl an Handlungsoptionen für das Überleben abwägen zu können, beispielsweise sich unbeobachtet Tieren zu nähern, um diese zu bejagen. „Refuge“ fokussiert auf das Schutzbedürfnis, d. h. Zuflucht (vor Unwetter oder intensiver Sonneneinstrahlung und anderen Gefahren wie Raubtieren oder andere Hominiden) zu finden und auch wirksam Schutz vor den Gefahren zu erhalten. Wichtige Landschaftselemente können dann Höhlen oder üppiges Strauchwerk sein, das entsprechenden Sichtschutz bietet.

Die evolutionäre Ästhetik unterstellt nun darüber hinaus, dass dies auch bis heute zu einer ästhetischen Präferenz solcher Landschaft führt. Somit kann eine kultur- und zeitübergreifende Präferenz für parkähnliche, savannenartige, offene Landschaften mit lockerem Baumbestand begründet werden. Lohr und Pearson-Mims (2006) sehen in der Präferenz vieler Menschen für Bäume mit ausladenden Kronen eine Analogie mit der Wuchsform von Akazien in den Savannen Afrikas. Ein solches Kronendach kann Lebensraum und als Fluchtraum auch Sicherheit bieten. Einige empirische Studien zu Landschaftspräferenzen stützen teilweise die Savannen-Hypothese, denn Menschen bevorzugen offenbar generell vielfältig strukturierte Landschaften mit offenen Grünflächen, Reliefunterschieden, welche Ausblicke und Orientierung („prospect“) ermöglichen, sowie Landschaften mit lockerem Baumbestand und dem Vorhandensein von Wasser (Falk und Balling 2010). Dies entspricht Landschaften, die auch ein besonders hohes Erholungspotenzial bereitstellen (z. B. Kaplan und Kaplan 1989; Hartig et al. 2014; Seymour 2016): „In der Savanne bedürfte es der Psychotherapie sicher viel weniger als unter den jetzigen Lebensverhältnissen“ (Mayer-Abich 2010, S. 379). Dabei bleibt jedoch offen, wie Landschaftselemente, welche das bloße Überleben in der Savanne ermöglichten haben, eine solche Transformation hin zu Landschaften, welche die psychophysiologischen Erholung und das Wohlbefinden fördern, durchlaufen haben.

Aus der paläoökologischen Forschung sind inzwischen erhebliche Einwände zu diesen Hypothesen vorgelegt worden (Dominguez-Rodrigo 2014) ebenso kann die Hypothese der angeborenen Landschaftspräferenzen durch die Betonung kultureller Einflüsse auf die Landschaftswahrnehmung infrage gestellt werden.

Eine Erweiterung der Savannen-Hypothese könnte in einer evolutionären Perspektive erfolgen, welche jüngere paläoökologische Befunde berücksichtigt (vgl. Rathmann 2020a).

In den warmen Perioden des Pleistozäns (dies ist der ältere Teil des Quartärs, das als erdgeschichtliche Epoche vor etwa 2,3 Mio. Jahren begann) waren viele der Waldgebiete der nördlichen Hemisphäre als Gebiete mit großen offenen Flächen ausgestaltet, sodass sie strukturell in gewisser Weise den Savannen ähnelten. Basierend auf der Megaherbivoren-Hypothese standen die Wälder damals unter hohem Beweidungsdruck von Megaherbivoren, d. h. großen Pflanzenfressern (z. B. Waldelefanten, Waldnashörner, Riesenhirsche), die je nach Autor mit einem Gewicht von mehr als 800, 900 oder 1000 kg definiert werden (Mahli et al. 2016; Van Valkenburgh et al. 2016). Während der pleistozänen Kälteperioden dominierten ebenso weitgehend offene Landschaften mit anderen Mega-Herbivoren (z. B. Wollmammuts, Wollnashörner, Moschusochsen, Riesenfaultiere).

Zur Zeit der letzten Kälteperiode erfolgte die Besiedlung des südlichen Mitteleuropas durch den Menschen in einer mittelkalten, steppenartigen Umgebung mit einigen borealen Bäumen an klimatisch günstigen Standorten (Nigst et al. 2014). Bezüglich von Erholungseffekten kalter Waldregionen können Bielinis et al. (2018, 2019) zeigen, dass selbst schneebedeckte Wälder mit kahlen Laubbäumen im Winter positive Emotionen auslösen und zu psychischer Entspannung führen können. Dies ist ein Landschaftsbild, welches für lange Zeit, die jüngere Menschheitsgeschichte Eurasiens prägte. Daher könnte die Savannen-Hypothese durch die spätpleistozäne Landschaft ergänzt werden, welche ein zusätzliches Attribut des genetischen Gedächtnisses für Landschaftspräferenzen darstellen könnte. Auch nach dem Rückschmelzen der pleistozänen Eismassen lebten die Menschen in offenen Landschaften, bis die Wiederbewaldung zunächst durch Birken einsetzte. Mit der Kolonisation der neolithischen Bevölkerung um 5500 v. Chr. wurden durch Rodungen für Siedlungen und um Landwirtschaft zu betreiben, erneut offene Landschaften geschaffen (Gronenborn 2014).

Die Vorliebe für parkähnliche Landschaften könnte im Pleistozän eine Art „Auffrischung“ erfahren haben oder sich tatsächlich erst dann entwickelt haben. Diese Überlegung ist auch anschlussfähig an alternative theoretische Erklärungen zu restaurativen Effekten von Landschaften, basierend auf wahrnehmungs- und sozialpsychologischen Befunden, etwa dem Perceptual Fluency Account (PFA). Dies besagt, dass Naturszenen affektiv positiver bewertet werden als eine urbane Umgebung, weil unser visuelles Wahrnehmungssystem mit diesen Reizen vertraut ist und sie daher leichter verarbeiten kann (Joye und van den Berg 2011). Im PFA sind es eher die Struktur der Landschaft, die visuelle Kohärenz und fraktale Muster ausbilden, als die Vegetationsstruktur als solche, welche die salutogenen Effekte von Grünflächen erklären könnten. Die fraktale Beschaffenheit von Landschaften oder einzelnen Bäumen zeigt eine Wiederholung von Mustern, eine Selbstähnlichkeit in unterschiedlichen Größendimensionen; die kognitive Anstrengung, solche Muster aufzunehmen ist gering, was die Entspannung, die sich beim Betrachten von Natur einstellen kann, erklärt.

5 Landschaft als Ressource für die Psyche, Physis und soziales Miteinander

Die Alltagserfahrung bestätigt erholsame Effekte beim Spazieren durch die Natur, sei es ein Waldgebiet, beim Urlaub in den Bergen oder am Strand. Aber auch urbane Grünflächen können der Entspannung förderlich sein und eignen sich zum Kräftesammeln nach körperlicher und geistiger Erschöpfung. Eine Steigerung des individuellen Wohlbefindens führen Korpela et al. (2018) auf eine positive Impulskontrolle durch Aufenthalte in der Natur zurück, da dabei das Selbstvertrauen gestärkt werden kann.

Erholung selbst ist ein komplexer Prozess, in dem biologische-psychische und soziale Faktoren ineinanderwirken. Es ist eine gesundheitsfördernde Ressource, die der Einzelne abrufen kann, um protektiv auf die Erhaltung von Gesundheit Einfluss zu nehmen. Ruhephasen im Sinne einer Regeneration sind neben Aktivitäten auch Teil des Erholungsprozesses.

Die stressreduzierende Wirkung von Grünflächen bei depressiven Verstimmungen wird von Roe und Aspinall (2011) belegt. Barton und Pretty (2010) weisen in ihrer Metaanalyse, basierend auf 10 Studien aus Großbritannien mit insgesamt 1252 Teilnehmern, auf den positiven Einfluss von naturnahen Umwelten auf die Stimmung und das individuelle Selbstbewusstsein hin. Stärker werden die Effekte, wenn Wasser vorhanden ist, die zeitliche Andauer ist nicht so bedeutsam, auch ein kurzer Aufenthalt im Grünen hat eine positive Auswirkung.

Gebhard (2009) legt umfassend die Bedeutung von Naturkontakten für die psychische Entwicklung von Kindern dar. Eine wichtige Ressource in der kindlichen Entwicklung sind protektive Effekte auf Stresserlebnisse, diese können durch Naturkontakte verstärkt und eingeübt werden. Wohnortnahe Grünanlagen bewirken eine Abschwächung folgenreicher Stresserlebnisse im Gegensatz zu Kindern, die in einer naturferneren Umgebung mit geringeren Grünanteilen wohnen. Schulen mit einem hohen Anteil an naturnahen Grünflächen haben auch geringere

J. Rathmann, *Therapeutische Landschaften*, essentials,
https://doi.org/10.1007/978-3-658-32056-0_5

krankheitsbedingte Fehltage als Schulen, die eine naturferne Schulhofgestaltung haben. Bewegung in der Natur fördert gerade bei Kindern physische Kompetenzen und generell die Motorik. Naturkontakte regen zu mannigfaltigem Bewegungsverhalten an und können dadurch sehr positiv auf die Entwicklung von Kindern einwirken (Velarde et al. 1997; de Vries et al. 2010). Kognitive Leistungen in der Schule sind offenbar besser, wenn ein dichter Baumbestand an die Schule angrenzt (Sivarajah et al. 2018). Eine grüne Umgebung wirkt aber auch bei psychischen Auffälligkeiten; bereits nach einem 20-minütigen Park-Aufenthalt kann eine erhöhte Konzentrationsfähigkeit und eine verbesserte Aufmerksamkeit bei 7–12-jährigen Kindern mit Aufmerksamkeitsdefizit- und Hyperaktivitätssyndrom (ADS, ADHS) festgestellt werden (Faber Taylor und Kuo 2009; van den Berg und van den Berg 2011).

Bratman et al. (2015) zeigen, dass ein 90-minütiger Spaziergang in einer naturnahen Umgebung das Grübeln reduziert. Grübeln wird als ein Risikofaktor oder Indikator für Depressionen angesehen, daher kann hieraus eine präventive Wirkung gegenüber depressiver Verstimmungen abgeleitet werden. Ein analoger Spaziergang in einem urbanen Umfeld zeigt diese Wirkung hingegen nicht. Zusätzlich konnten neuronale Aktivitäten in den Gehirnarealen der präfrontalen Corex, welche bei depressiven Erkrankungen verstärkt aktiv ist, bei dem Naturspaziergang reduziert werden. Die positiven gesundheitlichen Auswirkungen durch Naturkontakte wirken also sowohl bei Menschen, welche bereits gesundheitliche Probleme haben als auch bei Menschen, die sich gesund fühlen. Es gibt unterschiedliche Erklärungsansätze, um diese Wirkmechanismen zu verstehen. Einige Theorien versuchen, die Erklärung in der Evolution des Menschen zu finden.

In der Umweltpsychologie sind es vor allem die Attention Restauration Theorie nach Rachel und Stephen Kaplan (1989) sowie die Theorie zur Stressreduktion in naturnahen Umgebungen von Roger Ulrich (1983), welche den restaurativen Nutzen von Grünräumen erklären können. Ulrich argumentiert evolutionsbiologisch über visuelle Reize. Er geht davon aus, dass natürliche Reize durch das Gehirn leichter verarbeitet werden können als künstliche, weil das menschliche Gehirn in der langen Zeit der Menschwerdung immer auf natürliche Reize hin ausgerichtet war. Künstliche Reize hingegen wirken eher als Stressoren, da die Verarbeitung anstrengender ist, was leichter zu Erschöpfungseffekten führt.

Grundlegend für Ulrichs Theorie *(Psychophysiological Stress Recovery Theory)* war die langjährige Beobachtung zwischen 1972 und 1981 an Patienten mit einer Gallenblasen-Operation, welche in zwei Gruppen eingeteilt wurden. Eine Patientengruppe hatte den Blick aus dem Krankenhauszimmer auf eine große monotone Ziegelsteinwand, eine andere Gruppe den Blick ins

Grüne, auf Bäume und Sträucher. Diese Gruppe benötigte weniger Schmerzmittel, hatten weniger Komplikationen und hatten einen besseren und schnelleren Genesungsverlauf (7,96 Tage gegenüber von 8,7 Tagen) (Ulrich 1984). Darauf aufbauend konnten Studien immer wieder zeigen, dass „Grün" einen positiven Effekt auf das Wohlbefinden und die Gesundheit von Menschen hat. Darauf Bezug nehmen auch zahlreiche Therapiegärten und generell die Gestaltung von Krankenhäusern durch die Integration von Zimmerpflanzen oder Naturbildern in die Gebäude. Der positive Effekt von Naturbilder konnte in einer Studie am Universitätskrankenhauses Uppsala in Schweden belegt werden. 160 herzchirurgischen Patienten wurden verschiedene großformatige Naturfotografien, abstrakte Bilder, eine leere Wand und eine weiße Tafel als eine Art Fensteraussicht gezeigt. In der Patientenbefragung zeigte sich, dass der Blick auf Baumszenen oder Wasser offenbar dazu führt, dass geringere Dosen an starken Schmerzmitteln benötigt werden und die Patienten weniger ängstlich gestimmt waren verglichen mit jenen, die den Blick auf ein dunkles Waldbild, die abstrakte Kunst oder die leere Wand hatten (Ulrich et al. 1993). Der visuelle Kontakt mit naturnahen Reizen, die phylogenetisch überlebenswichtig waren (Wasser, Nahrung, Sicherheit, Schutz) löst entsprechende positive affektive Reaktionen hervor. Gleichzeitig ermöglichen sie eine ungerichtete und daher anstrengungslose Aufmerksamkeit, welche zentral ist für restaurative Reaktionen auf natürliche Umgebungsreize. Das dunkle Waldbild wird dann nicht mehr positiv konnotiert, obgleich es eine Naturaufnahme ist, sondern eher als Angstraum empfunden. Dies sind noch keine reflektierten, bewussten Wahrnehmungsmuster. Emotionale Reaktionen, gekoppelt an eigene Erinnerungen, Erfahrungen oder Wünsche folgen erst in einem nächsten Schritt auf die affektive Bewertung ob ein Raum zu meiden oder gleichsam zu bewohnen ist.

Die affektiven Reaktionen sind für Ulrich im limbischen Systems des Gehirns verortet. Dies ist ein phylogenetisch alter Teil des Gehirns, der Triebverhalten und die Verarbeitung von Emotionen steuert. Eine kognitive Reizverarbeitung würde in dem stammesgeschichtlich wahrscheinlich jüngeren Teil der Neocortex erfolgen. Durch Entspannung, welche vom limbischen System ausgelöst werden, kann die Erholung von Stress, basierend auf der individuellen Ausgangslage, d. h. der aktuellen affektiven und kognitiven Verfassung, erfolgen. In positiven affektiven Zuschreibungen zu Landschaften, kann dann die Entspannung besonders gelingen. Diese Reaktionen erfolgen unmittelbar, quasi in der polaren Entscheidung über gefährlich/nicht gefährlich bzw. mögen/nicht mögen. Daraus lassen sich dann Vermeidungsstrategien oder solche der positiven Annahme ableiten. Diese rasche Entscheidung mag in der Frühgeschichte der Menschheit überlebenswichtig gewesen sein. Solche schnellen affektive, präkognitive Reaktionen können auch empirisch bestätigt werden. Wobei sich zeigen lässt, dass diese Reaktionen auf naturnahe Umgebungen und nicht die Struktur oder Farbe von Bildern erfolgen (Hietanen et al. 2007). Bezogen auf Landschaften entfaltet sich eine entspannende Wirkung in solchen, die Sicherheit vermitteln, beispielsweise offene Landschaften mit Wasser. Neben der evolutionären Prägung spielen sicherlich auch Wissen, Bildung, Sozialisation, Alter und Gewöhnungseffekte eine Rolle, wie eine bestimmte Landschaft Erholungseffekte steuern kann.

Will man die Erholungseignung von Landschaften mit der Attention Restoration Theory (ART) (Kaplan und Kaplan 1989) erklären, so liegt der Schwerpunkt in der Struktur eines Raumes. Die ART stellt eine kognitive Theorie dar, welche die Erholung von mentaler Ermüdung zu erklären für sich beansprucht. Sie basiert auf vier Kriterien (Faszination, Weg-Sein, Ausdehnung, Kompatibilität), welche für die Mensch-Umwelt-Interaktion als zentral bezüglich der Erholungswirkung angesehen werden.

Faszination

Das Beobachten eines Vogels, eines Fisches oder eines Wasserfalls ist immer an Aufmerksamkeit gebunden; diese Form von Aufmerksamkeit ist jedoch ungerichtet, der Blick schweift immer wieder umher, es ist ein freiwilliger ungezwungener Blick, weil der Stimulus das Interesse weckt und die darauf gerichtete Aufmerksamkeit anstrengungslos (effortless) erfolgt. Dieser Effekt wird mit der Faszination (fascination), die unterschiedlich intensiv ausgeprägt sein kann, beschrieben. Die positive ästhetische Konnotation mit Landschaften stellt eine schwächere Ausprägung als „soft fascination" dar. Ein spektakulärer Wasserfall kann die Faszination (hard fascination) deutlich stärker ausprägen. Faszination kann sicherlich auch ein Kunstobjekt auslösen, daher sind die Kriterien der ART nicht unmittelbar an Natur gebunden.

Weg-Sein

„Being away": Damit wird eine gewisse Distanz zum Alltagsgeschehen beschrieben, die nicht primär über eine räumliche Distanz erfolgen muss. Gleichsam mit dem Kopf gedanklich weg vom Alltag zu sein, ist das dabei für die Erholung Entscheidende. Dass Erholung nicht an naturnahe Umwelten gebunden sein muss, zeigt etwa das Beispiel der Kaffeehauskultur, welche Raum bietet, um neben dem Wohn- und Arbeitsplatz als „third place" entspannende Momente zu genießen.

Ausdehnung
Eine gewisse Ausdehnung (extend) einer Landschaft impliziert ausreichend Inhalte und Strukturen eines Raumes, damit eine Ablenkung und gleichzeitige Bindung von neuer Aufmerksamkeit über einen längeren Zeitraum möglich ist. Die räumliche Dimension ist dabei wahrscheinlich gar nicht so entscheidend für den Erholungseffekt, es ist die Struktur, die das Gefühl vermittelt, an einem zusammenhängenden Raum teilzuhaben, damit die Aufmerksamkeit für eine gewisse Zeit an diese Inhalte gebunden werden kann.

Kompatibilität
Die jeweils individuellen Bedürfnisse und Wünsche müssen in dem Raum eine gewisse Passung finden. Erholung kann gelingen, wenn der Raum die jeweils erwünschten Handlungsmöglichkeiten bietet. Klettern, Angeln oder Paddeln beschreiben Tätigkeiten, die nur dann durchführbar sind, wenn der Raum die entsprechenden Möglichkeiten dazu bietet. Daneben gibt es auch Mensch-Umwelt-Interaktionen, welche geringere Ansprüche an die Raumspezifika stellen. Ein erholsamer Spaziergang profitiert schon von der frischen Luft und einem Ausblick in die Umgebung.

Diese Faktoren können helfen, der Ermüdung, die sich durch gerichtet Aufmerksam einstellt, zu begegnen. Gerichtet Aufmerksam ist immer dann gefordert, wenn die Aufmerksamkeit nicht direkt aus dem Stimulus generiert wird und damit anstrengend eingefordert wird. Beispiele dafür bestimmen den Alltag von Menschen: die Konzentration während der Arbeit, die Teilnahme am Verkehrsgeschehen, die Betreuung von Mitmenschen, all dies sind, nach einer gewissen Andauer jedenfalls, geistig anstrengende Tätigkeiten, die Energie kosten und zu Erschöpfung führen können. Stressreaktionen als Folge von verbrauchter Aufmerksamkeitskapazität können weitere negativen Folgen nach sich ziehen, die sich in depressiven Verstimmungen, Reizbarkeit und Aggressivität niederschlagen. Zur Regeneration mentaler Ressourcen eignet sich besonders jede Form von Naturbegegnung. Denn ungerichtete Aufmerksamkeit ist anstrengungslos zu haben und kann damit restaurative Wirkungen entfalten.

Die evolutionsbiologische Prämisse, dass Menschen sich in Umwelten, welche ihr Überleben sicherte, wohl fühlen, führen Kaplan und Kaplan (1989) auch in der *Information Processing Theory aus.* Landschaften, welche eine gewisse Übersicht ermöglichen, lassen Informationen über den Raum rasch zugänglich werden. Der Raum wird lesbar und Menschen können ihrem Grundbedürfnis den Raum zu verstehen, leicht nachkommen. Daraus können Kaplan und Kaplan erneut vier Kategorien ableiten. Zunächst ist es die Kohärenz (coherence), welche beschreibt, inwiefern eine Landschaft ein harmonisches Gesamtbild in einer interpretierbaren Ordnung abgibt. Ein weiterer Faktor bildet die Komplexität (complexity), die in der Vielfalt eines Raumes auch das stete Entdecken von Neuem ermöglicht. Der dritte Faktor Lesbarkeit (legibility), unterstreicht die Bedeutung, sich in einer Landschaft orientieren zu können, den Raum in seinen unterschiedlichen Strukturen zu verstehen. Als vierter Faktor wird das Geheimnisvolle (mystery) einer Landschaft genannt. Mit diesen Variablen kann ein Raum beschrieben werden, welcher das Überleben ermöglicht, durch das Zusammenspiel von Schutzsuche und Übersicht bzw. Aussicht auf Beute. Dies sind weiterhin Variablen, welche Grundstrukturen für Landschaftspräferenzen im Allgemeinen beschreiben können.

Der Angebotscharakter schöner Landschaften, gepflegter Wanderwege oder von Sportanlagen für das Setzen von Bewegungsanreizen und damit einer Steigerung der körperlichen Fitness ist offenkundig (de Vries et al. 2010). Dieser Angebotscharakter von Räumen, Objekten oder Organismen kann als Affordanz (affordance) im Sinn des durch den Psychologen James Gibson (1904–1979) entwickelten Ansatzes adressiert werden. Das intensiv diskutierte Konzept der Affordanzen beschreibt zunächst die Handlungsoptionen, welche einem Tier durch die Umgebung bereitgestellt werden. Dies geschieht durch unterschiedliche Oberflächen, Objekte, Substanzen oder andere Tiere. Bezogen auf die menschliche Umwelt stellt ein umgestürzter Baumstamm eine mögliche Sitzgelegenheit dar, eine Quelle die Möglichkeit, sich zu erfrischen, ein städtischer Park, die Gelegenheit, als Begegnungsstätte auch den sozialen Aspekt von Gesundheit zu unterstützen. Damit werden diese zu Gesundheitsressourcen, weil sie Anreize zu sozialen Begegnungen setzen und damit eine soziale Integration fördern können. Die Studie von Thompson Coon et al. (2011) belegt, dass physische Aktivität im Freien, im Gegensatz zu vergleichbarer Aktivität in Gebäuden mit einem stärkeren Rückgang an negativen Emotionen verbunden ist und zu einer insgesamt gesteigerten Erholung führt. Gleichzeitig ist bei Outdoor-Aktivitäten das Bedürfnis, diese zu wiederholen, stärker als bei Indoor-Aktivitäten.

Waldtherapie

6

Neben der Holzproduktion und weiteren Ökosystemleistungen dienen insbesondere urbane Wälder der Erholung und Gesundheitsförderung, so dass Wald als Gesundheitsressource inzwischen zu einem Thema geworden ist, das zunehmend in der Öffentlichkeit aber auch in der Politik thematisiert wird. Inzwischen gibt es vermehrt Angebote zu verschiedenen Formen einer Waldtherapie (ausführlich zur Waldtherapie: Schuh und Immich 2019).

> Mit den Schlagworten Waldbaden und Waldtherapie haben Waldbesuche eine große Popularisierung erfahren.

Schließlich ist der Waldbesuch auch unentgeltlich und kann damit einer Gesundheitsförderung sozial schwacher Gruppen entgegenkommen. Urbane Wäldern erfüllen dabei besonders die Funktion als Erholungsraum der städtischen Bewohner (Meyer et al. 2019).

> Die dunklen Wälder Germaniens haben ihren Schrecken verloren und sind zu einem neuen Sehnsuchtsort geworden.

Denn es sind auch kulturelle Bilder und Bedeutungszuschreibungen, welche einem Raum beigelegt werden und entsprechende Handlungspraktiken lenken (vgl. Abb. 6.1).

> Neben der Alltagserfahrung eines erholsamen Waldspazierganges, meditativen Übungen in der Natur, spiritueller bis hin zu esoterischer Walderfahrung lassen sich positive gesundheitliche Effekte von Waldbesuchen wissenschaftlich belegen und zunehmend quantifizieren.

J. Rathmann, *Therapeutische Landschaften*, essentials,
https://doi.org/10.1007/978-3-658-32056-0_6

Abb. 6.1 Walderleben ist an symbolische Aufladung und individuelle Bedeutungszuschreibung gebunden. (Bayerischer Wald, Foto: © Rathmann 2017)

Urbane Wälder haben zahlreiche positive humanbioklimatischen Effekte auf die Luftqualität und insbesondere auch auf die thermische Situation (z. B. Bowler et al. 2010). Damit tragen stadtnahe Waldgebiete ganz wesentlich dazu bei, Hitzestress und die daraus resultierende Gesundheitsbelastung für die urbane Bevölkerung wirkungsvoll zu reduzieren. Diese positiven Effekte sind umso bedeutsamer, als für die Zukunft global eine weitere Zunahme der urbanen Bevölkerung (UNPD 2014), eine Überalterung in vielen westlichen Gesellschaften und damit eine erhöhte Vulnerabilität gegenüber umweltbedingten Gesundheitsbelastungen und – im Kontext des anthropogen verstärkten Klimawandels – nicht zuletzt auch eine Zunahme potenziell gesundheitsrelevanter klimatischer Belastungssituationen – wie z. B. Hitzeperioden – zu erwarten ist. Die Abkühlungseffekte in Wäldern sind dabei zum einen auf Beschattungseffekte und zum anderen auf gesteigerte Evapotranspirationsraten zurückzuführen (z. B. Livesley et al. 2017). Für die Stadtregion Augsburg konnten Beck et al. (2018) tages- und jahreszeitenspezifische und witterungsabhängige mittlere Temperaturunterschiede zwischen urbanen Wald und Siedlungsgebieten von bis zu 5 °C nachweisen. Diese

Abkühlungseffekte gegenüber dem stark versiegelten urbanen Raum können bis in die ihre Umgebung hinein wirksam werden.

> Insbesondere während heißer Sommertag können urbane Wälder effektiv dazu beitragen, die Hitzebelastung von Stadtbewohnern zu mildern.

Ergänzend können erniedrige Lufttemperaturen die körperliche Leistungsfähigkeit steigern. Denn Waldwege erhöhen die Motivation, sportlichen Aktivitäten nachzugehen und auch der weiche Waldboden sowie das Waldklima laden gleichsam zu einem gelenkschonenden Laufen ein.

Zusätzlich können Wälder aufgrund ihrer großen Kronenoberfläche Luftschadstoffe effektiver als andere Vegetationsformen aus der Luft aufnehmen. Der dadurch reduzierte Anteil an Luftschadstoffen entlastet die Atemwege aber auch die Haut, die erhöhte Luftfeuchtigkeit wirkt sich auch positiv auf die Atemwege von Waldbesuchern aus. Wälder sind generell ruhiger als offene Landschaften, denn reduzierte Windgeschwindigkeiten vermindern eine Schallausbreitung, daneben werden Schallwellen durch Blätter reflektiert und verlieren dadurch an Energie. Zusätzlich sind die positiven psychischen Faktoren zu nennen, welche zu einer Entlastung von negativen Emotionen und Stress führen. Diese lassen sich auf positive affektive Zuwendungen zu Natur zurückführen. Gleichzeitig gibt es in Wäldern auch Elemente, auf die Waldbesucher durchaus ambivalent reagieren können. Abgestorbene Bäum; Totholz. Totholz leistet in Wäldern zahlreiche Ökosystemleistungen kann aber als Element für Tot und Vergänglich negativ aufgefasst werden. Mit dem Wissen um die ökologische Bedeutung lässt sich die Akzeptanz von Totholz in Wäldern jedoch steigern (Rathmann et al. 2020b).

Walderleben ist immer ein multisensorisches, daher ist die japanische und südkoreanisch Tradition des Waldbadens (Shinrin-Yoku) auf das Ansprechen unterschiedlicher Sinne angelegt, bisweilen wird auch der Begriff Waldtherapie dafür verwendet (vgl. Schuh und Immich 2019, S. 14 f.):

- Visuelle Eindrücke variieren durch ein generell gedämpftes Licht, das je nach Belaubungsgrad sehr kleinräumig in der Intensität und der Schattenbildung variiert.
- Die olfaktorische Wahrnehmung wirkt stark bei Nadelhölzern nach Regenereignissen oder bei Trockenheit durch Terpene.
- Die Geräuschkulisse ist gegenüber einer urbanen Umgebung geringer und über das Knacken eines Astes, dem Plätschern eines Baches, einer Vogelstimme und dem Blätterrauschen abwechslungsreich.

- Taktile Sensoren an den Händen können durch unterschiedliche Rinden, Moos oder Blätter stimuliert werden.
- Das Schmecken von Waldbeeren, Pilzen oder Bucheckern kann den Geschmackssinn ansprechen.

Neben dem Ansprechen der fünf Sinne ermöglicht ein Waldaufenthalt etwa durch das Einritzen von Namen oder Herzen in Baumrinden eine individuelle emotionale Bedeutungszuschreibung zu einem Ort im Wald (vgl. Abb. 6.2). Solche Mensch-Umwelt-Bindungen im Sinn des Konzepts von Place Attachment finden seit Kurzem auch Eingang in Forst-Managementstrategien (Wynveen et al. 2018).

„Shinrin-Yoku" bedeutet sich langsam und bewusst auf einen Waldspaziergang zu begeben, um dem Alltag zu entkommen und Erholung und Entspannung zu erfahren. Ein Besinnen auf sich selbst und die umgebende Natur wird dadurch ermöglicht und Wohlbefinden erlebt (vgl. Tsunetsugu et al. 2009). Entspannen hat dabei unterschiedliche körperliche Effekte wie beispielsweise ein Verlangsamen von Herz- und Atemfrequenz sowie ein leichtes Absinken des Blutdruckes (Park et al. 2010; Ideno et al. 2017). Das Risiko für Herz- und Gefäßerkrankungen wird durch diese Blutdruckreduktion insgesamt gemindert (Twohig-Bennett und Jones 2018).

Abb. 6.2 Individuelle Mensch-Ort-Bindungen mit emotionaler Aufladung lassen sich auch an Bäumen erkennen. (Stadtwald Augsburg, Foto: © Rathmann)

Inzwischen gibt es starke empirische Evidenzen für positive gesundheitliche Wirkungen von Waldbesuchen. Im Vergleich zum Aufenthalt in der Stadt kann eine deutliche Verminderung von Anspannung, Wut, Depression und Erschöpfung bei Waldaufenthalten festgestellt werden. Ein geringerer Cortisolspiegel bei Waldaufenthalten dient dabei als empirisch gemessener Wert für das Stressniveau und ist in zahlreichen Studien belegt (z. B. Kobayashi et al. 2017). Hunter et al. (2019) zeigen, dass schon ein Spaziergang von 20 min den Cortisolspiegel erkennbar absinken lässt und damit zu einer Entspannung beitragen kann. Auch kardiovaskuläre Parameter wie etwa Blutdruck, Puls oder Herzratenvariabilität lassen sich Indikator für Erholung, Regeneration, Entspannung und Gesundheit bei Waldbesuchen heranziehen (vgl. Park et al. 2010; Rathmann et al. 2020a).

Ein weiterer positiver Gesundheitseffekt könnte sich über die höhere Anzahl von Mikroben in Wäldern, verglichen mit einem urbanen Umfeld ergeben, die mikrobenreduzierte Stadtlandschaft mag die Anfälligkeit für Allergien steigen (von Mutius 2019). Positive gesundheitliche Aspekte des natürlichen Mikrobioms könnten sich auf das Immunsystem und die Vielfalt an Darmmikroben ergeben. Denn Böden aber auch der menschliche Darm enthalten eine hohe Anzahl aktiver Mikroorganismen. Die Diversität des Mikrobioms im menschlichen Darm beträgt jedoch nur etwa 10 % der Biodiversität des Bodens und nimmt mit dem modernen Lebensstil drastisch ab. Zahlreiche Krankheiten, darunter nicht nur funktionelle gastrointestinale Störungen (z. B. Reizdarm) werden inzwischen mit einer veränderten Zusammensetzung und Verringerung von Darmmikroben assoziiert (Blum 2017; Blum et al. 2019).

In populärwissenschaftlichen Darstellungen wird häufig der positive Effekt von Waldbesuchen auf das Immunsystem diskutiert, dabei wird auf eine große Gruppe unterschiedlicher flüchtiger organischen Kohlenstoffverbindungen (**b**iogene **v**olatile **o**rganische **K**omponenten, engl.: BVOC) mit einer hohen chemischen Reaktivität abgehoben: Phytonzide; welche einer Pflanze als Schutz vor Pathogenbefall dienen (Zemankova und Brechler 2010). Bezogen auf die molekulare Struktur sind hierbei sehr häufig Terpene vorhanden, welche als Wirksubstanzen bei der Aktivitätssteigerung von Killerzellen beschrieben werden. Einige Studien aus Japan lassen hier positive Effekte erkennen. So zeigten 13 Versuchsteilnehmerinnen, Krankenschwestern zwischen 25 und 43 Jahre alt, nach einem dreitägigen Waldaufenthalt eine Aktivitätssteigerung der natürlichen Killerzellen bei gleichzeitiger Reduktion von Stresshormonen (Li et al. 2008). Kim et al. (2015) zeigen ähnliche Effekte; Mao et al. (2012) hingegen nicht. Der bisweilen in der Öffentlichkeit daraus gezogene Schluss, dass Phytonzide im Wald über die Aktivitätsanregung von Killerzellen einen positiven Wirkmechanismus gegen Krebserkrankungen aufweisen ist bislang nicht haltbar. Die einzelnen Studien haben nur wenige Teilnehmer, fehlende Vergleichsgruppen, fehlende Vergleichsstudien aus anderen Erdteilen und die Komplexität im Wald, selbst Wirkungen von sehr flüchtigen Substanzen mit ganz unterschiedlichen Konzentrationen auf einzelne Teilnehmer in Ursache-Wirkungs-Mechanismen mit Abschätzen der Effektstärken zu bringen, ist enorm und aktuell noch nicht geleistet.

Diese positiven gesundheitlichen Effekte von Waldbesuchen lassen sich teilweise auch in Grünanlage, Parkanlagen oder anderen Landschaften erleben und erfahren, in der Summe jedoch, ergänzt um die gesundheitlichen Vorzüge des Waldklimas, wird daraus ersichtlich, dass Wälder (zunächst in den mittleren geografischen Breiten) ausgezeichnete Erholungsräume mit dem Potenzial die menschliche Gesundheit zu erhalten, zu stärken und den Rekonvaleszenzprozess zu beschleunigen, darstellen.

7 Ein besserer Mensch dank Naturbeobachtung?

Positive gesundheitliche Wirkungen durch Naturkontakte lassen sich über die Naturbeobachtung und das Tätigsein in der Natur als Naturkunde vertiefen (zum Folgenden: Rathmann 2020b). Regelmäßige bewusste Naturbeobachtung soll hier als „Naturkunde“ beschrieben werden. Das kann die Vogelbeobachtung ebenso sein, wie die Naturfotografie (vgl. Abb. 7.1) aber auch die Jagd, Angeln, das Sammeln von Pilzen, Beeren oder Kräutern. Naturkunde kann sich dabei als eine zeitaufwendige aber auch körperlich anstrengende und entbehrungsreiche Tätigkeit darstellen. Denn das stundenlange Warten auf einen seltenen Vogel, das Suchen einer bestimmten Pflanze oder eines gefährdeten Insekts verlangt hohe Konzentration, körperliche Aktivität und kann trotz der Gefahr von Enttäuschungen zu sehr beglückenden Momenten führen. Diese individuelle Art der Naturbeobachtung stellt für Alexander von Humboldt (1769–1859), dem Begründer einer modernen, induktiv arbeitenden naturwissenschaftlich orientierten Geografie, eine wichtige Ergänzung zur naturwissenschaftlichen Naturbeobachtung dar: „Der Menschen Rede wird durch alles belebt, was auf *Naturwahrheit* hindeutet: sei es in der Schilderung der von der Außenwelt empfangenen sinnlichen Eindrücke, oder des tief bewegten Gedanken und innerer Gefühle.

Das unablässige Streben nach dieser Wahrheit ist im Auffassen der Erscheinungen wie in der Wahl des bezeichnenden Ausdruckes der Zweck aller Naturbeschreibung. Es wird derselbe am leichtesten erreicht durch Einfachheit der Erzählung von dem Selbstbeobachteten, dem Selbsterlebten, durch die beschränkende Individualisierung der Lage, an welche sich die Erzählung knüpft. Verallgemeinerung physischer Ansichten, Aufzählung der Resultate gehört in die *Lehre vom Kosmos,* die freilich noch immer eine induktive Wissenschaft ist; aber die lebendige Schilderung der Organismen (der Tiere und der Pflanzen)

J. Rathmann, *Therapeutische Landschaften*, essentials,
https://doi.org/10.1007/978-3-658-32056-0_7

in ihrem landschaftlichen, örtlichen Verhältnis zur vielgestalteten Erdoberfläche (als ein kleines Stück des gesamten Erdenlebens) bietet das Material zu jener Lehre dar. Sie wirkt anregend auf das Gemüt da, wo sie einer ästhetischen Behandlung großer Naturerscheinungen fähig ist“ (Humboldt 1992, S, 56). Bei Humboldt wird deutlich, dass die Naturwahrheit nur gelingen kann, wenn der Mensch konkret in physischer Anwesenheit daran teilnimmt. Thomas Berry (2011, S. 25) beschreibt es als eine Verlusterfahrung, dass wir nicht mehr „im Buch des Universums“ lesen. Denn, „unsere Welt des menschlichen Sinns ist nicht mehr mit dem Sinn unserer Umgebung vernetzt. Wir sind aus der grundlegenden, wesentlich zu unserer Natur gehörenden Interaktion mit unserer Umgebung herausgetreten.“ Naturbeobachtung und Naturerleben kann diesem Verlust entgegnen. Zusätzlich kann das unmittelbare Erleben der umgebenden Natur zu einer stärkeren Wertschätzung derselben führen und damit ein nachhaltiges Umwelthandeln bewirken.

Zunächst erfordert Naturbeobachtung körperliche Herausforderungen; zahlreiche Naturschilderungen basieren auf langen entbehrungsreichen Wanderungen oder auch stundenlangem Warten auf bestimmte Tiere auch in Hitze oder Kälte, Nässe oder Trockenheit. Bei allen gesundheitlichen Risiken, die dabei eingegangen werden können, geht dies mit einer Stärkung körperlicher aber auch psychischer Gesundheitsaspekte einher. Das regelmäßige Naturbeobachten in der wohnortnahen Umgebung hingegen erfordert Disziplin und ein regelmäßiges Einüben, denn der Gewinn durch die Naturkunde stellt sich erst ein, wenn das Regelmäßige das Gewohnte wird, vergleichbar der Routine, die sich beim Sport oder Einüben eines Musikinstrumentes einstellt. Analog dazu ist Naturbeobachtung umso fester in einer Person verankert, je früher damit begonnen wird. Conradi beschreibt dies bezogen auf die Vogelbeobachtung: „Der Zauber, der in diesem Anfang liegt, ist die Schönheit der Vögel. Wenn man zum ersten Mal mit dem Fernglas einen Gimpel, einen Eisvogel oder auch einen Eichelhäher in den strahlenden Farben ihres Prachtkleides vor sich sieht, ist man wie betäubt. Was ist einem da entgangen! Es öffnet sich eine neue Welt der Empfindungen und des Staunens. Und diese Welt ist eine alltägliche, sie umgibt uns.“[…].

„Die Wirkung dieses Zaubers ist natürlich umso größer, je jünger man ist. Wenn man in der Kindheit begonnen hat, Vögel zu beobachten, wird man diese Gewohnheit nicht so leicht wieder aufgeben“ (Conradi 2019, S. 221). Dieser Naturzugang ist gerade dadurch besonders gewinnbringend für den Beobachter, da er kein instrumentelles Interesse verfolgt. Im Zentrum steht dabei nicht der Beobachter, sondern das Beobachtete. Dies ist ein Weg, auf dem Naturkunde Menschen zu tugendhafteren, glücklicheren und damit auch gesünderen Menschen machen kann. Denn die grundsätzlichen positiven Wirkungen von Naturbegegnung, wie Stressabbau und Steigerung der körperlichen Fitness lassen sich in eine Ethik ausweiten. Diesen Aspekt unterstreicht Cafaro (2003, S. 73–99). Tugend versteht er als „menschliche Vortrefflichkeit im Allgemeinen“ (2003, S. 75), erweitert um „all jene Eigenschaften, die zur Förderung von individuellem und kollektiven Wohlbefinden oder Gedeihen beitragen“ (Cafaro 2003, S. 76). Über Naturkunde wird zunächst ein individueller Naturbezug aufgebaut, dem es vielen stark urbanisierten Gesellschaften mangelt, dies ist ein erster Schritt, um die „menschliche Vortrefflichkeit“ zu fördern. Denn dieser vertiefte Naturbezug schärft zunächst in körperlicher Hinsicht die Sinne. Gerade in der Tierbeobachtung kann jeder Laut die eigene Anwesenheit verraten und Tiere in die Flucht schlagen, gleichzeitig kann das Hören in die Natur den Weg zu unterschiedlichen Tieren weisen. Dabei wird auch der Blick für das Unscheinbare geschärft, denn das gesamte Ökosystem gibt Hinweise, weckt eine Erwartungshaltung auf die Anwesenheit bestimmter Organismen; sei es eine Pflanze, die einen spezifischen Standort hat oder ein Vogel, dessen Habitat an bestimmte naturräumliche Voraussetzungen gebunden ist. Hier kommt ein weiterer Aspekt hinzu: Naturbeobachtung fördert die Kreativität, indem Strategien entwickelt werden, wie beispielsweise ein bestimmter Vogel störungsfrei fotografiert werden kann oder eine seltene Pflanze gefunden werden kann. Dazu ist weiterhin Geduld und Durchhaltevermögen erforderlich, denn Naturkunde ist selten anstrengungslos zu haben. In tugendethischer Perspektive wird dabei weiterhin Demut und Bescheidenheit geschärft, denn die Bedingungen, unter denen eine störungsfreie Naturbeobachtung möglich ist, stellt die Natur, nicht der Beobachter (vgl. Abb. 7.1).

Der Gedanke der neuzeitlichen Naturwissenschaft, Macht über die Natur zu haben, kehrt sich in der Naturkunde um. Naturkunde kann folglich nur in Bescheidenheit gelingen und im Staunen über die Vielgestaltigkeit der Natur. Dieses Staunen bildet die Grundlage für ein intensives Wertschätzen der Natur. Wird diese Form der Naturbeobachtung schon in der Kindheit gelernt und eingeübt, kann dies eine Basis für einen anhaltenden anerkennenden Bezug zur Natur legen. Der umwelttugendethische Ansatz impliziert, dass eine gewisse Form von Askese als Bedingung der Möglichkeit von Freiheit bedacht wird. Glückseligkeit erreicht nicht, wer um die Anerkennung durch Andere, viel benötigt und daher diesen Zwängen des Besitzens und Darstellens verhaftet bleibt. Erst ein Wenden gegen von außen angetragene Konformität ermöglicht eigene Authentizität und einen neuen Bedeutungshorizont für das eigene Dasein. Dadurch können oberflächliche und jederzeit widerrufbare Bindungen an die Natur aber auch zu Mitmenschen neu und vertieft-sinnerfüllt gefasst werden. Die Wertschätzung der umgebenden Natur durch eine intensive Naturbegegnung, welche immer an einen konkreten Ort gebunden ist, und daher den räumlichen Charakter Therapeutische Landschaften berücksichtigt, hat das Potenzial, die Dominanz der instrumentellen Vernunft

Abb. 7.1 Der Europäische Biber *(Castor fiber)* im Stadtwald Augsburg. (Foto: © Rathmann)

einzuhegen und zu einem neuen Mensch-Naturverhältnis beizutragen. Dadurch kann sich eine neue Wertschätzung für das Lokale entwickeln und der Begriff Heimat als eine welthaltige Welt für sich eine Rehabilitierung erfahren, ebenso wie Andere auch ihre jeweiligen Heimaten schätzen. Eine Therapeutische Landschaft erfährt dadurch eine Verankerung in „everyday landscapes" (English et al. 2008). In der Naturbeobachtung wird Natur als Mitwelt erfahrbar, nicht als bloße Umwelt. In der Zuwendung zu Anderen, zu Tieren, Pflanzen, der umgebenden Natur kann sich das Ich aus der eigenen Subjektivität befreien. Das führt dann auch zum Anerkennen, dass unsere natürliche Umwelt auch von uns etwas fordert; Engagement, das letztlich dem Menschen und seiner Gesundheit dient. Der umwelttugendethische Ansatz vertieft das Gefühl der Zusammengehörigkeit mit der Natur und ein Wertschätzen der Naturerfahrung auch in der unmittelbaren Wohnumgebung. Dies kann zu einem insgesamt mäßigeren Lebensstil führen, da das Bedürfnis der Selbstdarstellung sinkt, jenes für den Schutz der Heimat einzutreten hingegen steigt. Die vermeintliche Einschränkung des Individuums, die ein umwelttugendethischer Ansatz mit sich führt, stellt sich dann als eine Stärkung des Individuums heraus.

8 Ausblick

Das Konzept der Therapeutischen Landschaften beschreibt und erklärt Orte hinsichtlich ihrer gesundheitsfördernden Wirkung auf den Menschen. Orte sind dabei nicht nur als konkrete Ausschnitte der Erdoberfläche zu verstehen, sondern umfassen in erweiterter Perspektive ebenso symbolische Zuschreibungen und Machtverhältnisse.

Gesundheit wird dabei in einem umfassenden Sinn aus pathogenetischer und salutogenetischer Perspektive adressiert. Die positiven Wirkungen von Landschaften auf die menschliche Gesundheit zeigen sich an alltäglich erlebbaren Orten, die sich ein Mensch in wiederkehrenden und als bereichernd empfundenen Naturbeobachtungen vertraut gemacht hat.

Mensch-Ort-Bindungen lassen sich durch unterschiedliche affektive, emotionale und kognitive Zuschreibungen erfassen. Interaktionen von Menschen mit ihrer Umgebung umfassen beispielsweise individuelle Persönlichkeitsmerkmale, leibliche Naturbezüge, symbolische und kulturelle Zuschreibungen zu Orten, Sinngebung, soziale Interaktionen, Machtverhältnisse in der Zugänglichkeit von Orten und die Ausübung sozialer Praktiken. Diese komplexen Interaktionsmuster zeigen, wie Landschaften als reale Umgebung auch Repräsentationen des jeweiligen Menschen darstellen.

Auf naturalistischer Ebene lassen sich zahlreiche positive Einflüsse von Grünräumen, Natur und Landschaft auf das menschliche Wohlbefinden, die Lebensqualität und Gesundheit belegen und zunehmend quantifizieren. Daher sind Landschaften auch als Gesundheitsressource zu entwickeln, zu bewahren und zu schützen.

J. Rathmann, *Therapeutische Landschaften*, essentials,
https://doi.org/10.1007/978-3-658-32056-0_8

Was Sie aus diesem *essential* mitnehmen können

- Das Konzept der Therapeutischen Landschaften beschreibt und erklärt, wie Ort das Wohlbefinden und die Gesundheit von Menschen erhalten und steigern können.
- Die salutogenetische Perspektive auf Krankheit und Gesundheit stellt Ressourcen, welche helfen, Gesundheit zu erhalten, in den Vordergrund – Natur und Landschaft können solche Ressourcen darstellen.
- Zahlreiche Orte erhalten durch symbolische Zuschreibungen eine spezifische Bedeutung für den Einzelnen, welche den objektiv beschreibbaren Raum ergänzen und zu individuellen Orts-Beziehungen führen.
- Präferenzen für bestimmte Landschaften lassen sich teilweise aus der Geschichte der Menschwerdung erklären.
- Ein besonderes Erholungspotenzial bieten Wälder, da sie ein spezifisches Klima aufweisen und den Menschen multisensorisch ansprechen.
- Regelmäßige Naturbeobachtung in der unmittelbaren Wohnumgebung fördert die individuelle Gesundheit und stärkt das Bewusstsein für den Wert von Natur und Landschaft.

J. Rathmann, *Therapeutische Landschaften*, essentials,
https://doi.org/10.1007/978-3-658-32056-0

Literatur

Abraham A, Sommerhalder K, Bolliger-Salzmann H, Abel T (2007) Landschaft und-Gesundheit. Das Potential einer Verbindung zweier Konzepte. Universität Bern, Bern

Abraham A, Sommerhalder K, Abel T (2010) Landscape and well-being: a scoping study on the health-promoting impact of outdoor environments. Int J Public Health 55:59–69

Albrecht G (2005) Solastalgia: a new concept in human health and identity. Philosophy, Activism, Nature 3:41–55

Antonovsky A (1997) Salutogenese Zur Entmystifizierung der Gesundheit. dgvt-Verlag, Tübingen

Appleton J (1996) The experience of landscape. John Wiley & Sons Ltd, New York

Barton J, Pretty JN (2010) What is the best dose of nature and green exercise for improving mental health? A Multi-Study Analysis. ES&T 44(10):3947–3955. https://doi.org/10.1021/es903183r

Beck C, Straub A, Breitner S, Cyrys J, Philipp A, Rathmann J, Schneider A, Wolf K, Jacobeit J (2018) Air temperature characteristics of local climate zones in the Augsburg urban area (Bavaria, Southern Germany) under varying synoptic conditions. Urban Climate 25:152–166

Bell SL, Foley R, Houghton F, Maddrell A, Williams AM (2018) From therapeutic landscapes to healthy spaces, places and practices: a scoping review. Soc Sci Med 196:123–130

Berry T (2011) Das Wild und das Heilige. The Great Work – Unser Weg in die Zukunft. Arun, Uhlstädt-Kirchhasel

Bielinis E, Takayama N, Boiko S, Omelan A, Bielinis L (2018) The effect of winter forest bathing on psychological relaxation of young polish adults. Urban For Urban Green 29:276–283

Bielinis E, Omelan A, Boiko S, Bielinis L (2019) The restorative effect of staying in a broad-leaves forest on healthy young adults in Winter and Spring. Baltic Forestry 24:218–227

Blum HE (2017) The microbiome: a key player in human health and disease. J Healthc Commun 2:1–5. https://doi.org/10.4172/2472-1654.100062

J. Rathmann, *Therapeutische Landschaften*, essentials,
https://doi.org/10.1007/978-3-658-32056-0

Blum WE, Zechmeister-Boltenstern S, Keiblinger KM (2019) Does soil contribute to the human gut microbiome? Microorganisms 7:287

Böhme G (2019) Leib. Surkamp, Berlin

Bowler DE, Buyung-Ali L, Knight TM, Pullin AS (2010) Urban greening to cool towns and cities: a systematic review of the empirical evidence. Landsc Urban Plan 97:147–155

Bratman GN, Hamilton JP, Hahn KS, Daily GC, Gross JJ (2015) Nature experience reduces rumination and subgenual prefrontal cortex activation. PNAS 112(28):8567–8572

Bucher AA (2007) Psychologie der Spiritualität Handbuch. WBG, Darmstadt

Cafaro P (2003) Naturkunde und Umwelt-Tugendethik. Natur und Kultur 4(1):73–99

Charlier P, Coppens Y, Malaurie J, Brun L, Kepanga M, Hoang-Operman V, Correa Calfin JA, Nuku G, Ushiga M, Schor XE, Deo S, Hassin J, Hervé C (2017) A new definition of health? An open letter of autochthonous peoples and medical anthropologists to the WHO. Europ J Int Med 37:33–37

Claßen T (2008) Naturschutz und vorsorgender Gesundheitsschutz: Synergie oder Konkurrenz? Dissertation, Bonn. https://hss.ulb.uni-bonn.de/2008/1475/1475.pdf. Zugegriffen: 27. Aug. 2020

Claßen T, Kistemann T (2010) Das Konzept der Therapeutischen Landschaften. Geogr Rdsch 62:40–46

Claßen T (2016) Landschaft. In: Gebhard U, Kistemann T (Hrsg) Landschaft, Identität und Gesundheit. Springer, Wiesbaden, S 31–43

Conradi A (2019) Zen und die Kunst der Vogelbeobachtung. Kunstmann, München

Cooper Marcus C, Sachs NA (2014) Therapeutic landscapes. An evidence-based approach to designing healing gardens and restorative outdoor spaces. Wiley, Hoboken

De Vries S, Claßen T, Eigenheer-Hug S-M, Korpela K, Maas J, Mitchell R, Schantz P (2010) Contributions of natural environments to physical activity. In: Nilsson K, Sangster M, Gallis C, Hartig T, de Vries S, Seeland K, Schipperijn J (Hrsg) Forests, trees and human health. Springer, Dordrecht, S 205–243

Domínguez-Rodrigo M (2014) Is the „savanna hypothesis“ a dead concept for explaining the emergence of the earliest hominins? CurrAnthropol 55:59–81

Elsasser P, Weller P (2013) Aktuelle und potentielle Erholungsleistung der Wälder in Deutschland: Monetärer Nutzen der Erholung im Wald aus Sicht der Bevölkerung. AFZ 184(3/4):83–95

English J, Wilson K, Keller-Olaman S (2008) Health, healing and recovery: therapeutic landscapes and the everyday lives of breast cancer survivors. Soc Sci Med 67:68–78

Faber Taylor AF, Kuo FE (2009) Children with attention deficits concentrate better after walk in the park. JAD 12:402–409

Falk JH, Balling JD (2010) Evolutionary influence on human landscape preference. EAB 42:479–493

Flach W (1986) Landschaft. Die Fundamente der Landschaftsvorstellung. In: Smuda M (Hrsg) Landschaft. Suhrkamp, Frankfurt a. M., S 11–28

Franke A (2012) Modelle von Gesundheit und Krankheit, 3. Aufl. Huber, Bern

Gebhard U (2009) Kind und Natur. Die Bedeutung der Natur für die psychische Entwicklung, 3. Aufl. VS Verlag, Wiesbaden

Gebhard U, Kistemann T (Hrsg) (2016) Landschaft Identität und Gesundheit. Springer, Wiesbaden

Gesler WM (1992) Therapeutic landscapes: medical issues in light of the new cultural geography. Soc Sci Med 34(7):735–746

Gesler WM (1993) Therapeutic landscapes: theory and a case study of Epidauros, Greece. Environ Plan D 11:171–180

Gesler WM (1998) Bath's reputation as a healing place. In: Kearns RA, Gesler WM (Hrsg) Putting health into place. Syracuse University Press, Syracuse NY, S 17–35

Gesler WM (2003) Healing places. Rowman & Littlefield Publishers, INC, Landham

Gronenborn D (2004) Comparing contact-period archaeologies: the expansion of farming and pastoralist societies to continental temperate Europe and to southern Africa. Before Farming 4(3):1–35

Hartig T, Book A, Garvil J, Olsson T, Garling T (1996) Environmental influences on psychological restoration. Scand J Psychol 37(4):378–393

Hartig T, Mitchell R, de Vries S, Frumkin H (2014) Nature and health. Annu Rev Public Health 35:207–228

Heerwagen JH, Orians GH (1993) Humans, habitats, and Aesthetics. In: Kellert SR, Wilson EO (Hrsg) The biophilia hypothesis. Washington Island Press, Washington, S 138–172

Hietanen JK, Klemettilä T, Kettunen JEP, Korpela K (2007) What is a nice smile like that doing in a place like this? Automatic affective responses to environments influence the recognition of facial expressions. Psychol Res 71(5):539–552. https://doi.org/10.1007/s00426-006-0064-4

von Humboldt A (1992) Ansichten der Natur. Reclam, Ditzingen

Hunter MCR, Gillespie BW, Yu-Pu Chen S (2019) Urban nature experiences reduce stress in the context of daily life based on salivary biomarkers. Front Psychol. https://doi.org/10.3389/fpsyg.2019.00722

Ideno Y, Hayashi K, Abe Y, Ueda K, Iso H, Noda M, Lee JS, Suzuki S (2017) Bloodpressure-lowering effect of Shinrin-yoku (Forest bathing): a systematic review andmeta-analysis. BMC Complement Altern Med 17:409

Jonietz D, Rathmann J (2013) Entwicklung einer Methodik zur GIS-gestützten Analyse therapeutischer Landschaften. In: Strobl J, Blaschke T, Griesebner G, Zagel B (Hrsg) Angewandte Geoinformatik. Wichmann, Berlin, S 600–609

Joye Y, van den Berg A (2011) Is love for green in our genes? A critical analysis of evolutionary assumptions in restorative environments research. Urban For Urban Gree 10:261–268

Kaplan R, Kaplan S (1989) The experience of nature. Cambridge University Press, Cambridge

Kellert SR (1993) The biological basis for human values of nature. In: Kellert SR, Wilson EO (Hrsg) The biophilia hypothesis. Island Press, Washington DC, S 42–69

Kim BJ, Jeong H, Park S, Lee S (2015) Forest adjuvant anti-cancer therapy to enhance natural cytotoxicity in urban women with breast cancer: a preliminary prospective interventional study. EuJIM7 (5) doi:https://doi.org/10.1016/j.eujim.2015.06.004

Kistemann T (2016) Das Konzept der Therapeutischen Landschaften. In: Gebhard U, Kistemann T (Hrsg) Landschaft, Identität und Gesundheit. Springer, Wiesbaden, S 123–149

Kistemann T, Schweikart J, Butsch C (2019) Medizinische Geographie. Westermann, Braunschweig

Kobayashi H, Song C, Ikei H, Park BJ, Lee J, Kagawa T, Miyazaki Y (2017) Population-based study on the effect of a forest environment on salivary cortisol concentration. Int J Environ Res and Public Health 14(8):931

Korpela KM (1989) Place-identity as a product of environmental self-regulation. J Environ Psy 9(3):241–256

Korpela KM, Pasanen T, Repo V, Hartig T, Staats H, Mason M, Alves S, Fornara F, Marks T, Saini S, Scopelliti M, Soares AL, Stigsdotter UK, Ward Thompson C (2018) Environmental strategies of affect regulation and their associations withsubjective well-being. Front Psychol 9:562

Kühne O, Weber F, Berr K, Jenal C (Hrsg) (2019) Handbuch landschaft. Springer, Wiesbaden

Leischik R, Dworrak B, Strauss M, Przybylek B, Dworrak T, Schöne D, Horlitz M, Mügge A (2016) Plasticityofhealth. German J Med 1:1–7

Lengen C (2016) Place Identity: Identitätskonstituierende Funktion von Orten. In: Gebhard U, Kistemann T (Hrsg) Landschaft, Identität und Gesundheit. Springer, Wiesbaden, S 185–199

Li Q, Morimoto K, Kobayashi M, Inagaki H, Katsumata M, Hirata Y, Hirata K, Shimizu T, Li YJ, Wakayama Y, Kawada T, Ohira T, Takayama N, Kagawa T, Miyazaki Y (2008) A forest bathing trip increases human natural killer activity and expression of anti-cancer proteins in female subjects. J Biol Regul Homeost Agents 22:45–55

Liamputtong P, Suwankhong D (2015) Therapeutic landscapes and living with breast cancer: the lived experiences of Thai women. Soc Sci Med 128:263–271

Livesley SJ, McPherson EG, Calfapietra C (2016) The Urban forest and ecosystem services: impacts on urban water, heat, and pollution cycles at the tree, street, and city scale. J Environ Qual 45:119–124

Lohr VI, Pearson-Mims CH (2006) Responses to scenes with spreading, rounded and conical tree forms. Environ Behav 38:667–688

Malhi Y, Doughty CE, Galetti M, Smith FA, Svenning JC, Terborgh JW (2016) Megafauna and ecosystem function from the Pleistocene to the Anthropocene. PNAS 113:838–846

Maller C, Townsend M, St Leger L, Henderson-Wilson C, Pryor A, Prosser L, Moore M (2008) Healthy parks, healthy people: the health benefits of contact with nature in a park context. A review of relevant literature, 2. Aufl. School of Health & Social Development, Melbourne

Mao GX, Lan XG, Cao YB, Chen ZM, He ZH, LV YD, Wang YZ, Hu XL, WangGF, Yan J (2012) Effects of short-term forest bathing on human health in a broad-leaved evergreen forest in Zhejiang Province, China. Biomed Environ Sc 25:317–324

MEA/Millenium Ecosystem Assessment (2005) Ecosystems and human well-being: Synthesis. Island Press, Washington D.C

Meyer-Abich KM (2010) Was es bedeutet, gesund zu sein: Philosophie der Medizin. Hanser, München

Meyer M, Rathmann J, Schulz C (2019) Spatially explicit mapping of forest benefits and analysis of motivations for everyday-life's visitors on forest pathways in urban and rural contexts. Landscape Urban Plan 185:83–95

Niedrig M, Eckmanns T, Wieler LH (2017) One-Health-Konzept: Eine Antwort auf resistente Bakterien? Dtsch Ärztebl 114(17):8. doi: https://doi.org/10.3238/PersInfek.2017.04.28.02

Nigst PR et al (2014) Early modern human settlement of Europe north of the Alps occurred 43,500 years ago in a cold steppe-type environment. PNAS 111:14394–14399
Ottawa-Charta zur Gesundheitsförderung (1986) https://www.euro.who.int/__data/assets/pdf_file/0006/129534/Ottawa_Charter_G.pdf?ua=1
Park BJ, Tsunetsugu Y, Kasetani T, Kagawa T, Miyazaki Y (2010) The physiologicaleffects of Shinrin-yoku (taking in the forest atmosphere or forest bathing): evidencefrom field experiments in 24 forests across Japan. EHPM 15:18–26
Rathmann J (2016) Therapeutische Landschaften – neue Argumente für Gesundheitstourismus und Naturschutz. In: Mayer M, Job H (Hrsg) Naturtourismus – Chancen und Herausforderungen. Meta-GIS Systems, Mannheim, S 61–70
Rathmann J (2019) Die Dringlichkeit der Frage nach einer Monetarisierung von Natur – am Beispiel von Ökosystemleistungen. Geographica Augustana 29:51–57
Rathmann J (2020a) Gesundheitsressource Landschaft. In: Soentgen J, Gassner UM, von Hayek J, Manzei A (Hrsg) Umwelt und Gesundheit. Nomos, Baden-Baden, S 167–197
Rathmann J (2020b) Von der Naturkunde zur Umweltugendethik: Ein möglicher Weg zur Überwindung der Diskrepanz von Umweltwissen und Umwelthandeln? In: Fritsch A, Lischewski A, Voigt U (Hrsg) Comenius-Jahrbuch. Nomos, Baden-Baden (im Druck)
Rathmann J, Brumann S (2017) Therapeutische Landschaften in der Psychoonkologie. Gaia 26(3):254–258
Rathmann J, Beck C, Flutura S, Seiderer A, Aslan I, André E (2020) Towards quantifying forest recreation: exploring outdoor thermal physiology and human well-being along exemplary pathways in a central European urban forest (Augsburg, SE-Germany). Urban For Urban Gree 49:126622
Rathmann J, Sacher P, Volkmann N, Mayer M (2020) Using the visitor-employed photography method to analyse deadwood perceptions of forest visitors: a case study from Bavarian forest national park, Germany. Eur J Forest Res 139:431–442
Roe J, Aspinall P (2011) The restorative benefits of walking in urban and rural settings in adults with good and poor mental health. Health & Place 17:103–113
Scannell L, Gifford R (2010) The relations between natural and civic place attachment and pro-environmental behavior. J Environ Psychol 30:289–297
Scannell L, Gifford R (2016) Place attachment enhances psychological need satisfaction. Environ Behav 49(4):359–389. https://doi.org/10.1177/0013916516637648
Schuh A, Immich G (2019) Waldtherapie. Das Potenzial des Waldes für die Gesundheit. Springer, Berlin
Seymour V (2016) The human–nature relationship and its impact on health: a critical review. Front Public Health 4:260. https://doi.org/10.3389/fpubh.2016.00260
Sivarajah S, Smith SM, Thomas SC (2018) Tree cover and species compositioneffects on academic performance of primary school students. PLoS ONE 13:e0193254
Tan QH (2013) Smoking spaces as enabling spaces of wellbeing. Health & Place 24:173–182
Thompson Coon J, Boddy K, Stein K, Whear R, Barton J, Depledge MH (2011) Does participating in physical activity in outdoor natural environments have a greater effect on physical and mental wellbeing than physical activity indoors? A systematic review. Environ Sci Technol 45:1761–1772

Twohig-Bennett C, Jones A (2018) Health benefits of the great outdoors: a systematic review and meta-analysis of greenspace exposure and health outcomes. Environ Res 166:628–637

Tsunetsugu Y, Park BJ, Miyazaki Y (2010) Trends in research related to „Shinrin-yoku" (taking in the forest atmosphere or forest bathing) in Japan. EHPM 15(1):27–37

Tuan Y-F (1974) Topophilia: a study of environmental perceptions, attitudes, and values. Prentice Hall, Englewood Cliffs

Ulrich RS(1983) Aesthetic and affective response to natural environments. In: Altman I, Wohlwill JF (Hrsg) Behaviour and the natural environment 6. Plenum, New York, S 85–125

Ulrich RS (1984) View through a window may influence recovery from surgery. Science 224(4647):420–421

Ulrich RS (1993) Biophilia, biophobia, and natural landscapes. In: Kellert SR, Wilson EO (Hrsg)The biophilia hypothesis. Washington Island Press, Washington, S 73–137

Ulrich RS, Simons RF, Losito BD, Fiorito E, Miles MA, Zelson M (1991) Stress recovery during exposure to natural and urban environments. J of Environ Psych 11:201–230

Ulrich RS, Lunden O, Etinge JL (1993) Effects of exposure to nature and abstract pictures on patients' recovery from heart surgery. Soc psychophysiological res, 33rd annual meeting, Rottach-Egern, Germany, S 1–7

UNPD (2014) World Urbanization prospects: the 2014 revision. United Nations Population 512 Division, New York

Van den Berg AE, van den Berg CG (2011) A comparison of children with ADHD in a natural and built setting. Child Care Health Dev 37(3):430–439

Van Valkenburgh B, Hayward MW, Ripple WJ, Meloro C, Roth VL (2016) The impact of large terrestrial carnivores on Pleistocene ecosystems. PNAS 113:862–867

Velarde MD, Fry G, Tveit M (2007) Health effects of viewing landscapes – landscape types in environmental psychology. Urban For Urban Gree 6:199–212

Von Mutius E (2019) Die Rolle des Umweltmikrobioms in der Asthma- undAllergieentstehung. In: Bayerische Akademie der Wissenschaften (Hrsg) Dieunbekannte Welt der Mikrobiome, Bd 47. Dr. Friedrich Pfeil, München

Williams A (Hrsg) (2008) Therapeutic landscapes. Ashgate, Farnham

Wilson EO (1984) Biophilia. Harvard University Press, Cambridge

WHO (World Health Organization) (1948) WHO definition of health. https://www.who.int/about/who-we-are/frequently-asked-questions. Zugegriffen: 27. Aug. 2020

Whitmee S et al (2015) Safeguarding human health in the Anthropocene epoch: report of The Rockefeller Foundation-Lancet Commission on planetary health. The Lancet 386:1973–2028

Wood VJ, Curtis SE, Gesler W, Spencer IH, Close HJ, Mason J, Reilly JG (2013) Spaces for smoking in a psychiatric hospital: social capital, resistance to control, and significance for ‚therapeutic landscapes'. Soc Sci Med 97:104–111

Wood VJ, Gesler WM, Curtis SE, Spencer IH, Close HJ, Mason J, Reilly JG (2015) ‚Therapeutic landscapes' and the importance of nostalgia, solastalgia, salvage and abandonment for psychiatric hospital design. Health & Place 33:83–89

Wynveen CJ, Schneider IE, Arnberger A (2018) The context of place: issues measuring place attachment across urban forest contexts. J Forestry 116(4):367–373

Zemankova K, Brechler J (2010) Emissions of biogenic VOC from forest ecosystems in central Europe: estimation and comparison with anthropogenic emission inventory. Environ Pollut 158:462–469

Printed in the United States
By Bookmasters